Wissenschaftliche Reihe Fahrzeugtechnik Universität Stuttgart

Reihe herausgegeben von
M. Bargende, Stuttgart, Deutschland
H.-C. Reuss, Stuttgart, Deutschland
J. Wiedemann, Stuttgart, Deutschland

Das Institut für Verbrennungsmotoren und Kraftfahrwesen (IVK) an der Universität Stuttgart erforscht, entwickelt, appliziert und erprobt, in enger Zusammenarbeit mit der Industrie, Elemente bzw. Technologien aus dem Bereich moderner Fahrzeugkonzepte. Das Institut gliedert sich in die drei Bereiche Kraftfahrwesen, Fahrzeugantriebe und Kraftfahrzeug-Mechatronik. Aufgabe dieser Bereiche ist die Ausarbeitung des Themengebietes im Prüfstandsbetrieb, in Theorie und Simulation. Schwerpunkte des Kraftfahrwesens sind hierbei die Aerodynamik, Akustik (NVH), Fahrdynamik und Fahrermodellierung, Leichtbau, Sicherheit, Kraftübertragung sowie Energie und Thermomanagement – auch in Verbindung mit hybriden und batterieelektrischen Fahrzeugkonzepten.

Der Bereich Fahrzeugantriebe widmet sich den Themen Brennverfahrensentwicklung einschließlich Regelungs- und Steuerungskonzeptionen bei zugleich minimierten Emissionen, komplexe Abgasnachbehandlung, Aufladesysteme und -strategien, Hybridsysteme und Betriebsstrategien sowie mechanisch-akustischen Fragestellungen.

Themen der Kraftfahrzeug-Mechatronik sind die Antriebsstrangregelung/Hybride, Elektromobilität, Bordnetz und Energiemanagement, Funktions- und Softwareentwicklung sowie Test und Diagnose.

Die Erfüllung dieser Aufgaben wird prüfstandsseitig neben vielem anderen unterstützt durch 19 Motorenprüfstände, zwei Rollenprüfstände, einen 1:1-Fahrsimulator, einen Antriebsstrangprüfstand, einen Thermowindkanal sowie einen 1:1-Aeroakustikwindkanal.

Die wissenschaftliche Reihe „Fahrzeugtechnik Universität Stuttgart" präsentiert über die am Institut entstandenen Promotionen die hervorragenden Arbeitsergebnisse der Forschungstätigkeiten am IVK.

Reihe herausgegeben von

Prof. Dr.-Ing. Michael Bargende
Lehrstuhl Fahrzeugantriebe
Institut für Verbrennungsmotoren und
Kraftfahrwesen, Universität Stuttgart
Stuttgart, Deutschland

Prof. Dr.-Ing. Jochen Wiedemann
Lehrstuhl Kraftfahrwesen
Institut für Verbrennungsmotoren und
Kraftfahrwesen, Universität Stuttgart
Stuttgart, Deutschland

Prof. Dr.-Ing. Hans-Christian Reuss
Lehrstuhl Kraftfahrzeugmechatronik
Institut für Verbrennungsmotoren und
Kraftfahrwesen, Universität Stuttgart
Stuttgart, Deutschland

Weitere Bände in der Reihe http://www.springer.com/series/13535

Kerstin Rensing

Experimentelle Analyse der Qualität außermotorischer Einspritzverlaufsmessungen und deren Übertragbarkeit auf motorische Untersuchungen

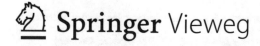 Springer Vieweg

Kerstin Rensing
Stuttgart, Deutschland

Zugl.: Dissertation Universität Stuttgart, 2017

D93

Wissenschaftliche Reihe Fahrzeugtechnik Universität Stuttgart
ISBN 978-3-658-21111-0   ISBN 978-3-658-21112-7   (eBook)
https://doi.org/10.1007/978-3-658-21112-7

Die Deutsche Nationalbibliothek verzeichnet diese Publikation in der Deutschen National-
bibliografie; detaillierte bibliografische Daten sind im Internet über http://dnb.d-nb.de abrufbar.

Springer Vieweg
© Springer Fachmedien Wiesbaden GmbH, ein Teil von Springer Nature 2018

Gedruckt auf säurefreiem und chlorfrei gebleichtem Papier

Springer Vieweg ist ein Imprint der eingetragenen Gesellschaft Springer Fachmedien Wiesbaden
GmbH und ist Teil von Springer Nature
Die Anschrift der Gesellschaft ist: Abraham-Lincoln-Str. 46, 65189 Wiesbaden, Germany

Vorwort

Die vorliegende Dissertation entstand in der Abteilung Dieselmotoren (RPD) im Bereich Forschung/Vorentwicklung bei der Daimler AG in Stuttgart Untertürkheim in der Zeit vom 01. März 2012 bis 28. Februar 2015.

Ich möchte mich bei allen Kollegen des Teams Einspritzung und der gesamten Abteilung für die zahlreichen Gespräche und Diskussionen zu meiner Themenstellung bedanken, die mich in der Bearbeitung unterstützt und mir immer neue Ideen und Anregungen geliefert haben.

Insbesondere danke ich Herrn Dr.-Ing. Thorsten Hergemöller für seine Ideen und Beiträge, um das Thema voranzubringen.

Ich bedanke mich auch für die Unterstützung durch die Studenten Franz Walter, Namik Akcoeltekin, Patrick Sayer und Johannes Lampert, deren Abschlussarbeiten ich während meiner Tätigkeit als Doktorandin betreut habe.

Mein besonderer Dank gilt außerdem Herrn Prof. Dr.-Ing. M. Bargende, der mich wissenschaftlich betreut hat und immer wieder neue Anregungen einbringen konnte, die. Außerdem bedanke ich mit bei Herrn Prof. Dr.-Ing G. Wachtmeister für die Übernahme des Koreferats.

Stuttgart   Kerstin Rensing

Inhaltsverzeichnis

Abbildungsverzeichnis

Tabellenverzeichnis

Abkürzungsverzeichnis

Bzw	beziehungsweise
BP	Betriebspunkt
ca.	circa
CMD	Coriolismassendurchfluss
DIN	Deutsches Institut für Normung e.V.
DRV	Druckregelventil
etc.	et cetera
HDP	Hochdruckpumpe
ISO	Internationale Organisation für Normung
MSV	Mengensteuerventil
PKW	Personenkraftwagen
s.	siehe
VFP	Vorförderpumpe
vgl.	vergleiche
ZME	Zumesseinheit

Formelzeichen

A	Fläche	m³
a	Schallgeschwindigkeit	m/s
A_A	Querschnitt Düsenaustritt	mm²
A_S	Querschnitt Sackloch	mm²
A_{SL}	Querschnitt Spritzloch	mm²
C_1	Mexus Konstante	ms²
C_2	Mexus Konstante	kg/m
c_v	Durchflusskoeffizient	-
c_v	spezifische Wärmekapazität	J/(kgK)
c_D	Durchflussbeiwert	-
η	dynamische Viskosität	Pa·s
E	Kompressionsmodul	N/mm²
F	Kraft	N
K	Kavitationszahl	-

K_{krit}	kritische Kavitationszahl	-
λ	Luftverhältnis	-
$\overline{M}$	aus der Mexuskammer ausgeströmte mittlere	mg
m	Masse	kg
m_D	Massendifferenz aus Durchflussunterschied	mg
m_I	in die Mexuskammer eingespritzte Masse	mg
m_K	Masse in der Mexuskammer	mg
m_O	aus der Mexuskammer ausgeströmte Masse	mg
m_S	Massendifferenz aus Spritzdauerunterschied	mg
μ	Ausflusszahl	-
n	Anzahl Einspritzungen	-
n_{mot}	Motordrehzahl	1/s
ρ	Dichte	kg/m³
p	Druck	bar
p_A	Druck am Düsenaustritt	bar
p_E	Einspritzdruck	bar
p_G	Gegendruck	bar
p_{krit}	kritischer Druck	bar
p_s	Druck im Sackloch	bar
T	Periodendauer	s
T	Temperatur	K
t	Zeit	s
t_i	Einspritzdauer	µs
τ	Schubspannung	N/m²
V	Volumen	m³
v	Geschwindigkeit	m/s
v	spezifische Volumen	m³/kg
ϑ	kinematische Viskosität	m²/s
v_A	Geschwindigkeit am Düsenaustritt	m/s
$v_{A\,th}$	theoretische Geschwindigkeit am Düsenaustritt	m/s
$\dot{V}_{real}$	realer Volumenstrom	mm³/ms
$\dot{V}_{th}$	theoretischer Volumenstrom	mm³/ms
v_s	Geschwindigkeit im Sackloch	m/s
φ	Geschwindigkeitsbeiwert	-
ψ	Kontraktionszahl	-

Zusammenfassung

In der Motorentwicklung richten sich viele Aktivitäten auf die Optimierung der Verbrennung, um die sich zunehmend verschärfenden Abgasgrenzwerte auch zukünftig zu erreichen. Einen wichtigen Einfluss hat hierbei der Einspritzverlauf, der durch die Geometrie des Injektors und den Einspritzdruck bestimmt wird. Da es noch nicht möglich ist, den Einspritzverlauf und die Kraftstoffmasse bei hohen Einspritzdrücken direkt am Motor zu bestimmen, erfolgen die Messungen außermotorisch in einem Labor. Die Messergebnisse werden als Eingangsgrößen für optische Untersuchungen, Strahlimpulsmessungen, Einzylinder- und Vollmotoruntersuchungen und numerische Strömungssimulationen verwendet.

Die vorliegende Arbeit beschäftigt sich mit der Bewertung und Verbesserung der Messqualität eines hydraulischen Messgerätes zur außermotorischen Bestimmung von Einspritzverlauf und –masse und der Übertragbarkeit der Ergebnisse auf motorische Untersuchungen. Im ersten Schritt wird das Einspritzsystem außermotorisch mit dem hydraulischen Messgerät untersucht, so dass die möglichen Einflussgrößen auf die Messqualität identifiziert werden können. Hierbei liegt der Fokus darauf, die Genauigkeit und Reproduzierbarkeit der Messergebnisse zu verbessern. Als zentrale Größen haben sich hierbei Raildruck, Temperatur und Gegendruck herausgestellt. Im zweiten Schritt erfolgt die Sicherstellung der Übertragbarkeit der außermotorischen Messungen auf ein reales System (Vollmotor oder Einzylinder). Hierzu werden die Laborumgebung und das reale System gegenübergestellt und aneinander angeglichen. Ziel ist es, schon im Labor qualitativ hochwertige Ergebnisse unter motornahen Randbedingungen zu erzielen, um den späteren Entwicklungsaufwand zu minimieren. Es hat sich gezeigt, das neben den bereits bekannten Einflussgrößen, die Verwendung eines Ersatzkraftstoffs und die Einspritzung in eine Flüssigkeit bei der hydraulischen Vermessung des Injektors, zu Abweichungen zwischen den außermotorischen und motorischen Ergebnissen führen.

Abstract

In engine development, many activities focus on the optimization of combustion in order to achieve the increasing strict emission limits in the future. An important influence on this has the injection discharge rate, which is determined by the geometry of the injector and the injection pressure. Since it is not possible to measure the injection rate and mass at high injection pressures directly on the engine, the measurements are done in a laboratory. The measurement results are used as input variables for optical investigations, spray force measurements, single-cylinder engine and full engine investigations and numerical flow simulations.

The present work deals with the evaluation and improvement of the quality of hydraulic measurements outside the engine for determining injection rate and mass and the applicability of the results in real engine tests. In the first step, the injection system is investigated with the hydraulic meter outside the engine, so that the potential influencing factors can be identified for the measurement quality. The focus here is to improve the accuracy and reproducibility of the measurement results. As main variables rail pressure, temperature and back pressure have been found. In the second step, the applicability of non-motorized measurements to a real system (full motor or single cylinder) is carried out. Therefore, the laboratory environment and the real system are compared and adjusted to each other. The goal is to achieve even in the laboratory high quality results under real engine conditions to minimize the later development effort. It has been shown, that in addition to the mentioned influencing variables, the use of a substitute fuel and the injection into a fluid in the hydraulic meter, leads to differences between the non-motorized and real engine measurement results.

1 Einleitung

Jedes Jahr steigt die Zahl der weltweit registrierten Kraftfahrzeuge um ca. 40 Millionen Fahrzeuge an. Im Jahr 2010 waren erstmals mehr als eine Milliarde Kraftfahrzeuge auf den Straßen unterwegs [Sta15]. Dieser Trend wird sich in den nächsten Jahren, vor allem durch die starke Nachfrage nach Mobilität in den BRIC Staaten (Brasilien, Russland, Indien, China), weiter fortsetzten. Gleichzeitig besteht die Forderung, den Ausstoß von Treibhausgasen (z.B. Kohlendioxid) zu reduzieren, um dem Klimawandel entgegenzuwirken. Für Kraftfahrzeuge werden deshalb immer strengere Abgasgrenzwerte festgelegt, um die Schadstoff-Emissionen zu verringern.

Zur Erreichung dieser Ziele ist eine kontinuierliche Weiterentwicklung des Verbrennungsmotors, der auch in Zukunft in den meisten Fahrzeugen zumindest einen Teil der Antriebsenergie bereitstellen wird, unerlässlich. Neben der Optimierung von innermotorischen Parametern, ist die Verbesserung des Einspritzsystems ein zentraler Bestandteil der Entwicklungsaktivitäten. Der Verbrennungsverlauf, welcher direkten Einfluss auf die Schadstoffbildung hat, hängt neben der Brennraumform und der Gasbewegung von dem zeitlichen Verlauf der Einspritzung ab. Maßgeblich für den Einspritzverlauf sind der Einspritzdruck und die Düsengeometrie des Injektors.

In PKW Diesel- und Ottomotoren werden aktuell Direkteinspritzsysteme mit einem Kraftstoffspeicher, dem Common-Rail, in Serie eingesetzt und stetig weiterentwickelt. In diesen Systemen ist die Druckerzeugung von der Einspritzung des Injektors entkoppelt, so dass der Einspritzzeitpunkt beliebig variiert werden kann, unabhängig von der Kurbelwellenposition des Motors. Dabei können theoretisch eine beliebige Anzahl von Teileinspritzungen abgesetzt werden, wodurch sich viele Freiheitsgrade für die Gestaltung des Einspritzverlaufs ergeben. Ziel in der Weiterentwicklung der Einspritzsysteme ist es, die sich daraus ergebenen Potentiale zu nutzen und die präzise und reproduzierbare Dosierung der eingespritzten Masse, besonders im Kleinstmengenbereich, zu verbessern. Der Injektor ist hierbei ein bedeutendes Bauteil mit dem sich viele Entwicklungsaktivitäten beschäftigen.

Zur Untersuchung und Optimierung von Injektoren stehen verschiedene Messgeräte und Auswertemethoden zur Verfügung. Ein zentraler Bestandteil

© Springer Fachmedien Wiesbaden GmbH, ein Teil von Springer Nature 2018
K. Rensing, *Experimentelle Analyse der Qualität außermotorischer Einspritzverlaufsmessungen und deren Übertragbarkeit auf motorische Untersuchungen*, Wissenschaftliche Reihe Fahrzeugtechnik Universität Stuttgart, https://doi.org/10.1007/978-3-658-21112-7_1

in der Einspritzanalyse ist die hydraulische Vermessung des Injektors zur Bestimmung der Einspritzmasse und des Einspritzratenverlaufs. Die Ergebnisse bilden die Basis für weitere außermotorische Injektoruntersuchungen, wie optische Strahlaufnahmen oder Strahlimpulsmessungen, die Aufschluss über die örtliche und zeitliche Verteilung des Kraftstoffs im ungestörten Spray liefern. Desweiteren sind die Einspritzmasse und der Einspritzratenverlauf Eingangsgrößen für motorische Untersuchungen und Verbrennungssimulationen. Die hydraulische Messtechnik ist damit Ausgangspunkt in der Toolkette zur Analyse eines Injektors, so dass die Qualität der Messergebnisse entscheidend für alle weiteren Untersuchungen ist.

Aktuell ist es nicht möglich, die Einspritzmasse sowie den Einspritzverlauf bei hohen Einspritzdrücken direkt am Motor zu bestimmen, so dass die hierzu erforderlichen Messungen außermotorisch in einem Labor durchgeführt werden müssen. Die Laborumgebung kann die realen Bedingungen im Motor aber nur in gewissen Grenzen nachbilden. Außerdem hat ein Messgerät in der Regel Einfluss auf die zu messende Größe, so dass der damit bestimmte Einspritzverlauf von dem Einspritzverlauf unter realen Bedingungen im Motor abweicht.

2 Motivation und Zielsetzung

Die Bestimmung von Einspritzrate und -masse wird schon seit langem in der Entwicklung von Motoren angewendet. Bereits in den 1960er Jahren wurde mit dem Mengenindikator ein Messgerät für diese Zwecke entwickelt [Zeu61]. Heute existieren Messgeräte von verschiedenen Herstellern mit zum Teil unterschiedlichen Funktionsprinzipien zur Bestimmung des Einspritzverlaufs (s. Anhang C). Für die Entwicklung von Injektoren und für die Verbrennungsoptimierung sowie den dafür genutzten Simulationen ist die Kenntnis von Einspritzmassen und -raten notwendig, sodass die bekannten Messsysteme verbreitet Anwendung finden. In der Literatur ist jedoch bisher wenig über diese Messtechnik zu finden. Die umfassendste Untersuchung in diesem Themengebiet stammt von KERÉKGYÁRTÓ. Er untersuchte die Einspritzverlaufsmessung für Dieselinjektoren mit dem Injection Analyzer [Ker09].

Neben der Validierung der Messtechnik selbst ist jedoch auch zu untersuchen, in wie weit die in einer Laborumgebung ermittelten Ergebnisse mit denen in einem realen Motor übereinstimmen. Je besser die Übereinstimmung ist, umso genauer und zielgerichteter können Optimierung von Injektoren und Verbrennungsverfahren durchgeführt werden.

Nach einer umfangreichen Analyse der aktuellen Messgeräte, entschied die Daimler AG das Mexus 2.0 zu beschaffen, da dies eine hohe Genauigkeit in der Bestimmung von Einspritzmassen aufweist und plausible Einspritzratenverläufe ermittelt. Die Zielsetzung der vorliegenden Arbeit besteht darin, zu untersuchen, welche Größen die außermotorischen Messungen mit dem Mexus 2.0 beeinflussen und welche Messqualität erreicht werden kann. Dazu ist zunächst festzustellen, welche Einflussgrößen existieren, bevor in umfangreichen Messungen deren Auswirkungen auf die Messergebnisse zu analysieren sind. Es ist dabei nicht nur die Genauigkeit des Messgerätes zu überprüfen, sondern auch die Qualität der Messungen als Ergebnis des Gesamteinspritzsystems zu betrachten. Anschließend wird anhand von Vergleichsuntersuchungen zu einem motorischen System (Einzylinder) die Übertragbarkeit der Ergebnisse auf Realsysteme (Vollmotor) bewertet. Es werden Maßnahmen und Methoden aufgezeigt, mit denen die Qualität der Messergebnisse

© Springer Fachmedien Wiesbaden GmbH, ein Teil von Springer Nature 2018
K. Rensing, *Experimentelle Analyse der Qualität außermotorischer Einspritzverlaufsmessungen und deren Übertragbarkeit auf motorische Untersuchungen*, Wissenschaftliche Reihe Fahrzeugtechnik Universität Stuttgart, https://doi.org/10.1007/978-3-658-21112-7_2

mit dem Mexus 2.0 und deren Übertragbarkeit auf Realsysteme verbessert werden.

3 Stand der Technik

3.1 Common-Rail Einspritzsysteme für Otto- und Dieselmotoren

Ende der 1980er Jahre wurden erstmals im PKW Dieselmotoren mit Direkteinspritzung in Serie eingesetzt und seitdem stetig weiterentwickelt. Durch den Einsatz von hohen Einspritzdrücken, einer elektronischen Dieselregelung und Mehrfacheinspritzungen haben heutige Direkteinspritzmotoren einen höheren Wirkungsgrad als Kammermotoren, sodass Kammermotoren heute keine Anwendung mehr in der Fahrzeugentwicklung finden. Um die hohen Anforderungen hinsichtlich Einspritzdruck und Flexibilität der Einspritzung erfüllen zu können wird ein Speicher-einspritzsystem (Common-Rail) eingesetzt. Mit einem Common-Rail-System sind die Druckerzeugung und die Einspritzung voneinander entkoppelt. Dies ermöglicht es, unabhängig von der Kurbelwellenposition, mehrere Einspritzungen zeitlich flexibel abzusetzen [Rei12]. Mit der Entwicklung des Common Rail Systems wurde es möglich Ende der 1990er Jahre die Direkteinspritzung auch im Ottomotor in Serie zu bringen [Bas13].

Einspritzsysteme aktueller Common-Rail Otto- und Dieselmotoren bestehen aus den gleichen Komponenten, einer Hochdruckpumpe, den Hochdruckleitungen, einem Kraftstoffspeicher (Rail) und den Injektoren. Der wesentliche Unterschied liegt im Systemdruck. Während bei Dieselmotoren mit Drücken bis zu 2500 bar eingespritzt wird, sind beim Ottomotor aktuell 200 bar Raildruck Stand der Technik. In Zukunft werden die Drücke für beide Systeme vorausichtlich noch weiter steigen.

Im Folgenden werden die einzelnen Komponenten eines Common-Rail-Systems beschrieben, wobei nach einer allgemeinen Funktionsbeschreibung auf die unterschiedlichen Ausführungen für den Einsatz in Diesel- und Ottomotoren eingegangen wird.

© Springer Fachmedien Wiesbaden GmbH, ein Teil von Springer Nature 2018
K. Rensing, *Experimentelle Analyse der Qualität außermotorischer Einspritzverlaufsmessungen und deren Übertragbarkeit auf motorische Untersuchungen*, Wissenschaftliche Reihe Fahrzeugtechnik Universität Stuttgart, https://doi.org/10.1007/978-3-658-21112-7_3

3.1.1 Hochdruckpumpe

Die Hochdruckpumpe hat die Aufgabe den Kraftstoff auf den erforderlichen Druck für die Einspritzung zu verdichten. Um einen möglichst konstanten Druck im Kraftstoffspeicher zu erhalten, sind Druckpulsationen und Änderungen im Volumenstrom zu vermeiden. Für die Anwendung im PKW haben sich daher Kolbenpumpen durchgesetzt. Es kommen Axialkolbenpumpen, Radialkolbenpumpen und Reihenpumpen zum Einsatz, bei denen häufig Mehrzylinderbauformen verwendet werden, um die Druckpulsationen zu verringern. Abbildung 3.1 zeigt eine 2-Stempel Radialkolbenpumpe für Dieselsysteme die zur Erzeugung von Drücken bis 2000 bar geeignet ist.

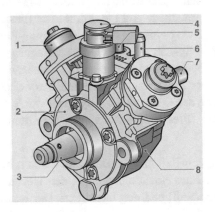

1 Pumpenelement
2 Anbauflansch
3 Antriebswelle
4 Zumesseinheit (ZME)
5 Zulaufanschluss
6 Rücklaufanschluss
7 Hockdruckanschluss
8 Gehäuse

Abbildung 3.1: 2-Stempel Radialkolbenpumpe für Dieselsysteme [Rei12]

Bei Dieselmotoren wird die Hochdruckpumpe vom Motor über eine Kupplung, ein Zahnrad, eine Kette oder einen Zahnriemen angetrieben, sodass die Pumpendrehzahl in einem festen Übersetzungsverhältnis zur Motordrehzahl steht. Die Übersetzung wird, je nach Zylinderzahl der Pumpe, so gewählt, dass die Förderung einspritzsynchron erfolgt und somit immer der gleiche Einspritzdruck am Injektor zur Verfügung steht. Die Hochdruckpumpen im Ottomotor werden über die Nockenwelle angetrieben und sind daher fest an die Motordrehzahl gekoppelt.

An den Hochdruckpumpen wird in Dieselsystemen eine **Zumesseinheit (ZME)** und in Ottosystemen ein **Mengensteuerventil (MSV)** verwendet, welche beide eine saugseitige Mengenregelung ermöglichen. Bei der ZME handelt es sich um ein stufenlos regelbares Magnetventil, das je nach Kraftstoffbedarf den Durchflussquerschnitt variiert. Das MSV ist ein hochdynamisches Schaltventil, das die Fördermenge für die Hochdruckpumpe zwischen 0 % und 100 % einstellt. Dies geschieht durch Schließen des Einlassventils zu dem Zeitpunkt, in dem die erforderliche Kraftstoffmenge im Pumpenkolben vorhanden ist. So wird in Diesel- und Ottosystemen nur die Menge durch die Pumpe gefördert, die zur Hochdruckerzeugung benötigt wird. Der Leistungsbedarf der Hochdruckpumpe und die maximale Kraftstofftemperatur werden dadurch gesenkt. [Rei12] [Bas13] [Mer14]

3.1.2   Kraftstoffspeicher (Rail)

Das Rail dient als Speicher für den auf Hochdruck gebrachten Kraftstoff. Gleichzeitig reduziert dessen Volumen Druckschwingungen, die durch die Hübe der Hochdruckpumpe und die Einspritzung in das System eingeleitet werden. Ein größeres Speichervolumen führt dabei zu besseren Dämpfungseigenschaften, hat aber den Nachteil, dass das System weniger dynamisch auf Druckänderungen reagieren kann. [Bas13]

In Ottosystemen sind die Injektoren direkt an der Rail angeflanscht, während in Dieselsystemen eine Hochdruckleitung verwendet wird, um die Verbindung zwischen Injektor und Kraftstoffspeicher herzustellen. In Abbildung 3.2 sind Beispiele einer Rail mit Anbindung der Injektoren für ein Diesel- und Ottosystem dargestellt.

An der Rail von Dieselsystemen befindet sich ein **Druckregelventil (DRV)**, das überschüssigen Kraftstoff in den Niederdruckkreislauf absteuert, um den gewünschten Druck einzustellen. Je nach Fördermenge der Pumpe und Entnahme des Kraftstoffs durch die Injektoren wird die Öffnung des DRV über eine Magnetspule verändert. In aktuellen Dieseleinspritzsystemen ist für die Druckregelung ein Zweistellerkonzept im Einsatz, bei dem sowohl die ZME und das DRV aktiv sind. Beim Start des Motors erfolgt die Druckregelung überwiegend über das DRV, um das System schnell zu erwärmen. Im folgenden Motorbetrieb wird bevorzugt der Förderstrom der Pumpe über die ZME eingestellt, um einen weiteren Wärmeeintrag zu vermeiden und den Leistungsbedarf der Pumpe zu senken. Durch das DRV ist weiterhin ein schneller Druckabbau möglich, sodass das System dynamisch bleibt. [Rei12]

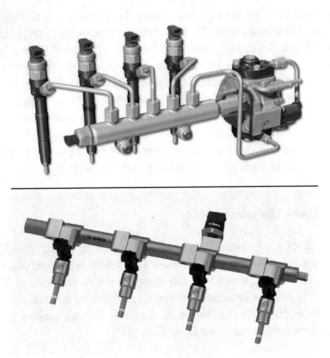

Abbildung 3.2: *oben:* Einspritzsystem für Dieselmotoren [Den15]; *unten:* Kraftstoffspeicher mit Injektoren für Ottosysteme [Bos15]

3.1.3 Injektoren

Injektoren bilden die Schnittstelle zum Brennraum und sorgen für die richtige zeitliche und mengenmäßige Dosierung des Kraftstoffs. Für Hochdruck-Einspritzsysteme kommen elektromagnetisch oder piezo-elektrisch angesteuerte Injektoren zum Einsatz. Durch die Ansteuerung wird entweder direkt die Nadel (direktgesteuert) oder ein Servoventil (servogesteuert) betätigt. Durch die Nadelöffnung wird die Düsenöffnung freigegeben. Bei Injektoren kommen Mehrlochdüsen, A-Düsen und Dralldüsen zum Einsatz. In Abbildung 3.3 sind die verschiedenen Kombinationen von Ansteuerprinzipien und Aktuator dargestellt. Darunter sind diejenigen Ausführungsvarianten von Injektoren für Diesel- und Ottomotoren gruppiert, deren Funktions-weise im Folgenden detailliert beschrieben werden.

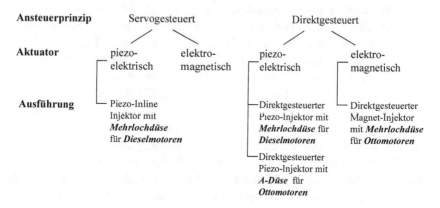

Abbildung 3.3: Injektorübersicht

Der Piezo-Inline-Injektor mit Mehrlochdüse für Dieselsysteme, dessen Aufbau in Abbildung 3.4 dargestellt ist, arbeitet mit einem Servoventil (5), dass über ein Piezo-Stellmodul (Piezostack) (3) betätigt wird.

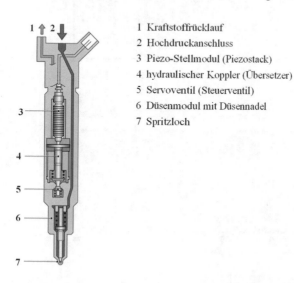

1 Kraftstoffrücklauf
2 Hochdruckanschluss
3 Piezo-Stellmodul (Piezostack)
4 hydraulischer Koppler (Übersetzer)
5 Servoventil (Steuerventil)
6 Düsenmodul mit Düsennadel
7 Spritzloch

Abbildung 3.4: Konstruktive Ausführung eines Piezo-Inline-Injektors für Dieselysteme [REI12]

Bei Verwendung eines Piezostacks, nutzt man die Eigenschaft piezokera-
mischer Werkstoffe sich bei Anlegen einer Spannung auszudehnen. Um eine
ausreichende Auslenkung zu erhalten, werden mehrere Piezoelemente zu
einem Stack hintereinandergeschaltet. Im nicht angesteuerten Zustand ist das
Servoventil geschlossen, sodass die Düsennadel durch den dort anliegenden
Kraftstoffdruck in den Sitz gepresst wird und die Düse verschließt. Wird der
Piezostack des Stellmoduls angesteuert, öffnet das Servoventil und der
Druck im Steuerraum sinkt ab. Die Nadel hebt an und die Spritzlöcher (7)
werden freigegeben. Der hydraulische Koppler (4) übersetzt dabei den Ak-
torhub und gleicht ein eventuell vorhandenes Spiel aus. Um den Schließvor-
gang einzuleiten, wird der Piezoaktor entladen, wodurch das Servoventil
schließt. Im Steuerraum baut sich Druck auf, der die Nadel wieder in den
Sitz presst.

In Abbildung 3.5 sind ein charakteristischer Strom- und Spannungsverlauf
für diesen Injektortyp und die dazugehörige Einspritzrate mit Nadelhubverlauf abgebildet.

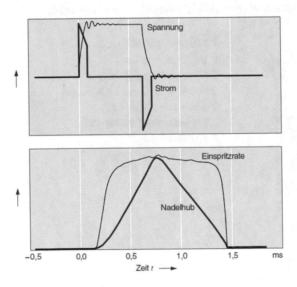

Abbildung 3.5: *oben:* Strom- und Spannungsverlauf bei Ansteuerung des
Injektors; *unten:* Verlauf des Nadelhubs und der Einspritzrate [Rei12]

Aus der indirekten Betätigung der Nadel über dem Druckverhältnis an der Düsenspitze folgt, dass die Nadel so lange anhebt, bis die Ansteuerung beendet wird oder sie ihren Anschlag erreicht. Die Nadel muss den gleichen Weg während des Schließens zurücklegen, sodass der Öffnungs- und Schließvorgang ungefähr die gleiche Zeit benötigen. Das bedeutet, dass die Spritzdauer des Injektors in etwa der doppelten Ansteuerdauer entspricht. Trotzdem weist der Injektor eine hohe Dynamik auf und kann Mehrfacheinspritzungen und sehr kleine Einspritzmassen für Voreinspritzungen stabil realisieren. [Rei12][Leo08]

Ein direktgesteuerter Injektor benötigt keine servo-hydraulischen Schaltungen, da die Nadel direkt über ein Aktormodul betätigt wird. Dieser Aktor kann ein Piezostack oder ein Magnet sein.

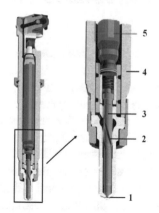

1 Düsenöffnung

2 Kraftstoffströmungskanal

3 Düsennadel

4 Injektorgehäuse

5 Piezostack

Abbildung 3.6: Direktgesteuerter Piezo-Injektor für Dieselsysteme [Sch09]

Abbildung 3.6 zeigt einen direktgesteuerten Piezo-Injektor mit Mehrlochdüse, der für Dieseleinspritzsysteme eingesetzt wird. Bei geschlossener Düsennadel (3) ist der Piezoaktuator (5) mit einer Ruhespannung geladen, sodass die Nadel durch die Ausdehnung der Piezokristalle in ihren Sitz gedrückt wird. Um eine Einspritzung einzuleiten, wird der Piezostack entladen, wodurch dieser sich verkürzt und die Nadel anhebt, um so die Düsenlöcher (1) freizugeben. Ein zweistufiges Nadelbewegungsverstärkersystem reduziert die erforderlichen Kräfte zum Öffnen der Düse und verstärkt den Nadelhub durch die hydraulische Übersetzung des Piezoaktuatorhubs. Ein direktgesteuerter Piezo-Injektor zeichnet sich durch besonders kurze Reaktionszeiten

aus und ermöglicht dadurch eine exakte Kraftstoffdosierung. [Sch09]
[Bas13]

1 Kraftstoffzulauf
2 Kompensationselement (Koppler)
3 Piezo-Aktormodul
4 Ventilgruppe
5 Außenöffnende Düse

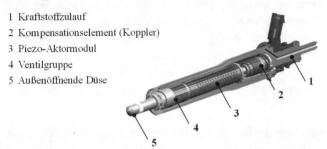

Abbildung 3.7: Direktgesteuerter Piezo-Injektor mit außenöffnender Düse
für Ottosysteme [Bas13]

Für Einspritzsysteme von Ottomotoren wurde ein direktgesteuerter Piezo-
Injektor mit einer nach außen öffnenden Düse (A-Düse) entwickelt. Dieser,
in Abbildung 3.7 dargestellte Injektor, besteht aus drei Funktionsgruppen,
der Ventilgruppe (4), dem Piezo-Aktormodul (3) und dem hydraulischen
Kompensationselement (Koppler) (2). Die Nadel und der Piezostack sind
durch eine Feder vorgespannt, da die Piezokeramik keine Zugspannung er-
trägt. Zum Ausgleich des Längenversatzes zwischen Ventilgehäuse und
Piezostack, der aus Temperatureinflüssen resultiert, wird der Koppler eingesetzt. Durch die Ansteuerung wird der Piezostack geladen, wodurch dieser
sich ausdehnt und direkt die Nadel betätigt. Die Nadel öffnet die Düse nach
außen und gibt einen ringförmigen Spalt frei. Abbildung 3.8 zeigt das
Spraybild eines solchen Injektors. [Hei13]

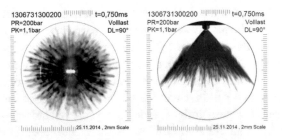

Abbildung 3.8: Sprayaufnahmen eines direktgesteuerten Piezo-Injektors mit
A-Düse, *links*: Frontalansicht; *rechts*: Seitenansicht

Der Aufbau eines direktgesteuerten Magnet-Injektors mit Mehrlochdüse für Ottomotoren ist in Abbildung 3.9 dargestellt. Die Ansteuerung des Injektors erfolgt durch das Bestromen der Spule. Das so entstehende Magnetfeld hebt die Nadel gegen die Federkraft aus ihrem Sitz, da diese direkt mit dem Anker verbunden ist. Die Düsenlöcher werden freigegeben und der Kraftstoff kann austreten. Zum Beenden des Einspritzvorgangs wird der Stromfluss unterbrochen und die Feder drückt die Nadel zurück in ihren Sitz.

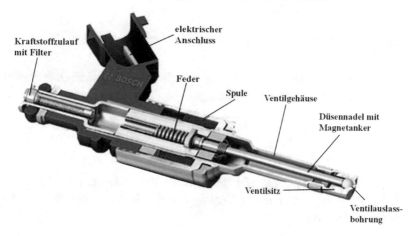

Abbildung 3.9: Elektromagnetischer Injektor mit Mehrlochdüse [Bas13]

3.2 Grundlagen der Düseninnenströmung

Durch die Einspritzdüse gelangt der Kraftstoff in den Brennraum. Abbildung 3.10 zeigt am Beispiel einer Mehrlochdüse die Durchströmung eines Düsenlochs ohne Kavitation.

Zur Berechnung der Strömungsvorgänge wird die Bernoulli-Gleichung entlang der Stromlinie zwischen dem Sackloch und dem Austritt an der Düsenspitze herangezogen.

$$\frac{1}{2}\rho v_S{}^2 + p_S = \frac{1}{2}\rho v_A{}^2 + p_A \qquad \text{Gl. 3.1}$$

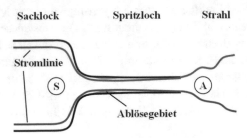

Abbildung 3.10: Durchströmung einer kavitationsfreien Düse

Mit $A_S \gg A_{SL}$ und daher $v_S \approx 0$, ergibt sich für die Geschwindigkeit am Düsenaustritt $v_{A\,th}$ aus der Druckdifferenz $p_S - p_A$ und der Dichte ρ:

$$v_{A\,th} = \sqrt{\frac{2(p_S - p_A)}{\rho}}$$ Gl. 3.2

Der aus der Düse ausströmende theoretische Volumenstrom $\dot{V}_{th}$ berechnet sich mit Hilfe der Kontinuitätsgleichung aus der Geschwindigkeit $v_{A\,th}$ und dem Querschnitt A_A zu:

$$\dot{V}_{th} = v_{A\,th} \cdot A_A$$ Gl. 3.3

Aufgrund von Reibungsverlusten reduziert sich die reale Geschwindigkeit bis zum Düsenaustritt, dies wird durch den Geschwindigkeitsbeiwert φ berücksichtigt. Der reale Volumenstrom ist wegen der Einschnürung des Strahls kleiner als der theoretische Volumenstrom. Dies wird über die Kontraktionszahl ψ, die das Verhältnis zwischen Strahlquerschnitt und Austrittsquerschnitt darstellt, erfasst. Der Geschwindigkeitsbeiwert und die Kontraktionszahl lassen sich zur Ausflusszahl μ zusammenfassen. Daraus folgt für den realen Volumenstrom aus einer Düse:

$$\dot{V}_{real} = \mu \cdot A_A \cdot \sqrt{\frac{2\Delta p}{\rho}}$$ Gl. 3.4

Die Ausflusszahl ist abhängig von der Geometrie des Düsenlochs, insbesondere von dessen Rauigkeit und Kontur. Da der Lochdurchmesser sehr gering ist, können Wandrauigkeiten nicht vernachlässigt werden. Die Viskosität und die Oberflächenspannung beeinflussen ebenfalls die Ausflusszahl. [Boh14]

Als charakteristische Größe für das Durchflussverhalten einer Düse wird häufig der Durchflussbeiwert c_D angegeben. Er gibt das Verhältnis aus realem Durchfluss zum theoretischen maximale möglichen Durchfluss an:

$$c_D = \frac{\dot{V}_{real}}{\dot{V}_{th}} \qquad \text{Gl. 3.5}$$

Neben Mehrlochdüsen werden auch A-Düsen für Injektoren verwendet, die einen Ringspalt als Strömungsquerschnitt besitzen. Allgemein gelten hierfür die gleichen Strömungsbeziehungen wie für eine Mehrlochdüse. Um einen ähnlichen Durchfluss zu erzielen ist der Spalt der A-Düse deutlich kleiner als der Durchmesser eines Düsenlochs und das Verhältnis von Wandfläche zum Volumenstrom ist höher. Dadurch nehmen Reibungsverluste in Folge von Wandrauhigkeiten zu.

Aufgrund von geometrischen Änderungen und Querschnittsverengungen in der Einspritzdüse wird die Strömung lokal stark beschleunigt. Dies hat zur Folge, dass der statische Druck abfällt. Sinkt der statische Druck unter einen kritischen Wert p_{krit} entsteht hydrodynamische **Kavitation**. Unter Kavitation versteht man die Entstehung von lokalen Gasgebieten in einer Flüssigkeit infolge von Druckverringerungen und dem damit verbundenen Phasenübergang. Es werden verschiedene Arten der Kavitation aufgrund des Entstehungsortes unterschieden: Blasenkavitation, Filmkavitation und Wirbelkavitation. Blasenkavitation tritt an Keimen in der Flüssigkeit auf und bewegt sich mit dieser im Düsenloch weiter. Rauigkeiten an den Düsenwänden stellen ortsfeste Kavitationskeime dar, an denen Filmkavitation auftritt. Die hierbei ausgebildeten Kavitationsfilme können bis zum Spritzlochaustritt reichen. Filmkavitation ist die am häufigsten beobachtete Kavitationsform in Einspritzdüsen. Im Sackloch der Düse können starke Wirbel entstehen, in deren Zentrum der Druck so weit abfällt, dass es zur Wirbelkavitation kommt. [Kna70]

In Flüssigkeiten, in denen kein Gas gelöst ist, entspricht der kritische Druck bei dem Kavitation auftritt dem Dampfdruck dieser Flüssigkeit. Hierbei handelt es sich um Dampfkavitation. Dieselkraftstoff besitzt einen Dampfdruck von 4 mbar bei 40 °C und Ottokraftstoff von 700-900 mbar bei 50° C

[Ges15/1] [Ges15/2]. Sind in der Flüssigkeit gelöste Gase enthalten, entsteht die sogenannte Gaskavitation, bei der Gas durch Drücken unterhalb des Gasauscheidedrucks aus der Flüssigkeit austritt. In Mineralölen sind gelöste Luft und Kohlenwasserstoffe enthalten, welche leichtflüchtig sind [Pis57]. Der Gasauscheidedruck von Diesel und Prüföl liegt in einem Bereich von 0,5 bis 2 bar und ist damit deutlich höher als deren Dampfdruck. Die beiden beschriebenen Kavitationsarten können gleichzeitig auftreten, aber nicht optisch unterschieden werden.

BERGWERK führte die Kavitationszahl:

$$K = \frac{p_S - p_A}{p_A - p_{krit}} \qquad \text{Gl. 3.6}$$

Ein, um die Kavitationsneigung der Strömung zu bestimmen. Dabei wird das Verhältnis zwischen Druckgefälle p_S - p_A und Drucküberschuss zum kritischen Druck p_A - p_{krit} betrachtet. Geometrie und Fluideigenschaften werden nicht berücksichtigt, sodass jede Düsenform eine andere kritische Kavitationszahl K_{krit} besitzt, ab der Kavitation einsetzt. [Ber59]

Starke Umlenkungen der Strömung führen zu hohen Druckverlusten, wodurch der statische Druck an der strömungsführenden Wand sehr gering werden kann. Deshalb tritt Kavitation bevorzugt im Spritzlocheintritt auf. Der Kavitationsfilm an der Düsenwand führt zu einer Verringerung des effektiven Durchflussquerschnitts (vena contracta), sodass der Durchflussbeiwert abnimmt. Der Gegendruck stellt sich in einer kavitierenden Düse so ein, dass er im Bereich des engsten Querschnitts bis auf den kritischen Druck abfällt. Dies hat zur Folge, dass der Durchfluss unabhängig vom anliegenden Gegendruck ist und bei abnehmenden Gegendruck der Massenstrom nicht weiter zunimmt. Man spricht hierbei von einer sperrenden Düse. [Bus01] [Wal02]

3.3   Hydraulische Kraftstoffeigenschaften unter Hochdruck

In Einspritzsystemen, besonders bei Dieselmotoren, wird der Kraftstoff hohen Drücken und Temperaturen ausgesetzt. Die für die Strömungsvorgänge relevanten Stoffeigenschaften der eingesetzten Medien verändern sich dabei zum Teil sehr stark über den Druck- und Temperaturbereich. Zur Analyse von Einspritzvorgängen bei Einsatz verschiedener Medien ist es daher wichtig, die Stoffeigenschaften über den gesamten Betriebsbereich zu kennen. In der Literatur findet man häufig nur Angaben der Stoffdaten bei atmosphärischem Druck und einen Temperaturbereich von 15 °C bis 40 °C. Besonders das Verhalten der Kraftstoffe bei sehr hohem Druck ist bisher wenig untersucht. BODE entwickelte Gleichungen, um aus wenigen Messungen in Hochdrucklaboren Stoffeigenschaften wie Dichte, Schallgeschwindigkeit und Kompressibilität zu berechnen [Bod90]. Dieses Vorgehen wurde weiterentwickelt und die Approximationsgleichungen angepasst. DRUMM untersuchte in seiner Arbeit Messmethoden für Kraftstoffeigenschaften unter Hochdruck und entwickelte daraus ebenfalls Approximationsgleichungen [Dru12].

Im Folgenden werden für Diesel und Benzin bzw. Super E10 und deren im Einspritzlabor verwendeten Ersatzmedien, Prüföl nach DIN ISO 4113 und Exxsol D40, Daten für die Dichte, Viskosität, Kompressibilität und Schallgeschwindigkeit in Abhängigkeit von Druck und Temperatur vorgestellt.

Tabelle 3.1: Dichte, Viskosität und Schallgeschwindigkeit der Kraftstoffe und Ersatzmedien bei 15 °C, 20 °C oder 40 °C und atmosphärischem Druck [Din14/1] [Avi14] [Exx08] [Exx14] [Din590] [She06] [Sch99] [Ina11]

Prüfmedium	Dichte bei 15 °C [kg/m³]	Kinematische Viskosität bei 40 °C [mm²/s]	Schallgeschwindigkeit bei 20°C [m/s]
Super E10	720-775	0,5-0,75	1170 (Benzin)
Exxsol D40	775	0,8	Keine Angaben
Diesel	820-845	2,0-4,5	1380
Prüföl	825	2,55	1375

Die aus der Literatur gesammelten Daten enthalten das Verhalten der Stoffeigenschaften im Temperaturbereich von 0 bis 120 °C und im Druckbereich von 0 bis 3000 bar. Im Fall von fehlenden Daten werden soweit es möglich ist Abschätzungen vorgenommen. Bei realen Diesel- und Ottokraftstoffe ist zu beachten, dass die Stoffdaten in einem gewissen Bereich variieren. Die Werte können daher in der Realität von den hier vorgestellten Werten abweichen. Die Daten der Medien für Dichte, kinematische Viskosität und Schallgeschwindigkeit bei atmosphärischem Druck und den für die Angabe üblichen verwendeten Temperaturen sind in Tabelle 3.1 dargestellt.

3.3.1   Dichte

Die Dichte ρ ist das Verhältnis der Masse m eines Körpers zu seinem Volumen V.

$$\rho = \frac{m}{V}$$ Gl. 3.7

Eine steigende Temperatur führt zu einer Volumenzunahme wodurch die Dichte abnimmt. Ein hoher Druck komprimiert ein Medium und erhöht dessen Dichte.

Den Zusammenhang von Dichte ρ, Temperatur T und Druck p approximiert DRUMM mit der folgenden Gleichung, deren Parameter für die von ihm untersuchten Kraftstoffe in Tabelle A.1 im Anhang A zu finden sind:

$$\rho(p, T) = a_1 + a_2 T + a_3 p + a_4 \sqrt{p + a_5} + a_6 T p$$ Gl. 3.8

Der Zusammenhang zwischen Dichte und Temperatur ist linear. Bei den von DRUMM untersuchten Kraftstoffen nimmt die Dichte bei atmosphärischem Druck (1,01 bar) mit steigender Temperatur zwischen -0,42 kg/m³K und -0,92 kg/m³K ab. Die Dichte von Diesel besitzt eine mittlere Temperaturabhängigkeit von -0,62 kg/m³K. [Dru12]

Mit zunehmendem Druck nimmt die Dichte der Kraftstoffe degressiv zu. Die Dichte von Diesel steigt bei einer Temperatur von 40 °C und einer Druckerhöhung von 1 bar auf 3000 bar von 819 kg/m³ auf 928 kg/m³ an. Der Verlauf ist in Abbildung 3.11 dargestellt. [DRU12]

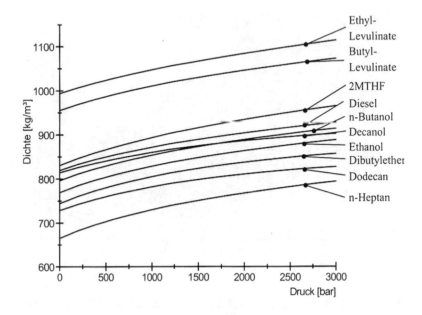

Abbildung 3.11: Dichte verschiedener Kraftstoffe in Abhängigkeit vom Druck bei 40°C [Dru12]

In Abbildung 3.12 ist ein Kennfeld dargestellt, welches die Abhängigkeit des spezifischen Volumens v von Druck und Temperatur für Prüföl zeigt. Das Kennfeld basiert auf den folgenden thermischen Zustandsgleichungen, die aus der Tait-Gleichung abgeleitet sind [Jun05]:

$$v(p,T) = v_0(T)\left(1 + C(T)\ln\frac{p + B(T)}{p_0 + B(T)}\right) \qquad \text{Gl. 3.9}$$

$$v_0(T) = a_1 + a_2 T + a_3 T^2 + a_4 T^3 \qquad \text{Gl. 3.10}$$

$$B(T) = b_1 + \frac{b_2}{T} + \frac{b_3}{T^2} \qquad \text{Gl. 3.11}$$

$$C(T) = c_1 + c_2 T \qquad \text{Gl. 3.12}$$

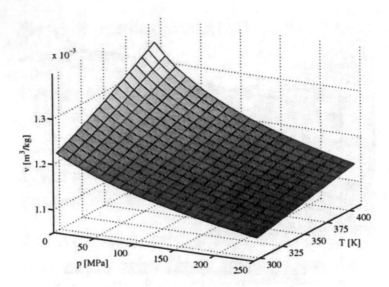

Abbildung 3.12: Spezifisches Volumen von Prüföl (ISO 4113) [Jun05]

Vergleicht man die Daten von Diesel nach den Untersuchungen von DRUMM
mit dem von JUNGEMANN erstellten Kennfeld für Prüföl (ISO 4113) miteinander, ergeben sich annähernd gleiche Werte für die Dichte der beiden Medien über dem gesamten Druck- und Temperaturbereich.

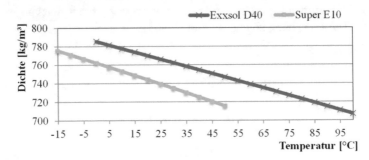

Abbildung 3.13: Dichte von Exxsol D40 und Super E10 über Temperatur
bei atmosphärischem Druck [Exx14]

Für Benzin gibt es Untersuchungen, die für die Temperaturabhängigkeit der Dichte ein nahezu lineares Verhalten mit einer Steigung von -0,91kg/m³K zeigen [Ptb10]. In Abbildung 3.13 ist der Zusammenhang zwischen Dichte und Temperatur für Super E10 und Exxsol D40 dargestellt. Die Dichte von Exxsol D40 liegt leicht über der von Super E10 und nimmt mit steigender Temperatur langsamer ab. Dadurch wird der Dichteunterschied mit steigender Temperatur größer.

Zum Verhalten der Dichte von Benzin über den Druck sind keine Untersuchungen bekannt. Es wird eine Abschätzung vorgenommen, die auf Messungen der Reinstoffe basiert, die Hauptbestandteile von Benzin sind [Dgm93] [Dgm76] [Dru12]. Demnach liegt die Dichte in Abhängigkeit vom Druck bei einer Temperatur von 40°C in dem Bereich den JUNGEMANN für Dodecan bestimmt hat. Die Kennlinie für Dodecan ist in Abbildung 3.11 zu sehen ist. Für Super E10 ist durch den höheren Ethanolanteil eine leichte Verschiebung der Kennlinie nach oben anzunehmen. Zu Exxsol D40 gibt es keine Daten zur Druckabhängigkeit und keine ausreichenden Informationen zur Zusammensetzung, um eine Abschätzung vornehmen zu können.

3.3.2 Viskosität

Die Viskosität ist eine Stoffeigenschaft, die den Widerstand beschreibt, der bei Verschiebung von benachbarten Flüssigkeitsschichten entgegenwirkt. Befindet sich zwischen zwei parallelen Platten mit der Fläche A und dem Abstand y, eine viskose Flüssigkeit und werden diese Platten mit einer Geschwindigkeit v zueinander bewegt, ist dazu eine Kraft F erforderlich. Die auftretende Schubspannung τ beträgt:

$$\tau = \frac{F}{A}$$

Gl. 3.13

Die Schubspannung ist proportional zum Geschwindigkeitsunterschied, sodass sich mit der dynamischen Viskosität η als Proportionalitätsfaktor

$$\tau = \eta \, \frac{dv}{dy}$$

Gl. 3.14

ergibt. Für Newton'sche Fluide gilt aufgrund der Unabhängigkeit der dynamischen Viskosität η von dem Geschwindigkeitsunterschied, dass die Schubspannung τ direkt proportional zum Geschwindigkeitsunterschied ist. Die kinematische Viskosität ϑ ist nach MAXWELL der Quotient aus dynamischer Viskosität η und Dichte ρ.

$$\vartheta = \frac{\eta}{\rho} \qquad\qquad\qquad \text{Gl. 3.15}$$

Die Adhäsionskräfte, die zwischen einzelnen Flüssigkeitsschichten wirken sind temperaturabhängig, sodass die dynamische Viskosität bei Flüssigkeiten mit zunehmender Temperatur abnimmt. Unter hohem Druck steigt die dynamische Viskosität annähernd exponentiell an. [Mur11] [Boh14]

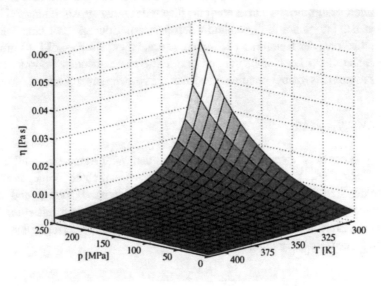

Abbildung 3.14: Dynamische Viskosität von Prüföl (ISO4113) [Jun05]

SCHMIDT verwendet als Gleichung für die Viskosität von Diesel den Zusammenhang

$$\eta(p,T) = b_1 e^{\frac{b_2 \rho(p,T)}{b_3(1+b_4 T)-\rho(p,T)}}, \qquad\qquad \text{Gl. 3.16}$$

der auch von JUNGEMANN zur Bestimmung der dynamischen Viskosität von Prüföl herangezogen wird. Die Abbildung 3.14 zeigt das Verhalten der dynamischen Viskosität von Prüföl nach DIN ISO 4113 bei Variation von Druck und Temperatur. Die gleichen Informationen für Diesel können aus Abbildung 3.15 entnommen werden.

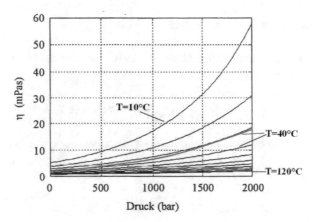

Abbildung 3.15: Dynamische Viskosität von Diesel, *orange*: Kennlinie nach [Dru12], *grau*: Kennlinien nach [Sch99]

DRUMM entwickelt zur Beschreibung der dynamischen Viskosität die folgende Approximationsgleichung:

$$\eta(p,T) = e^{a_1 + a_2 p + \frac{a_3}{T+a_4} + a_5 * \frac{p}{T}}$$ Gl. 3.17

Die Parameter für die einzelnen Kraftstoffe dieser Approximationsgleichung können der Tabelle A.2 im Anhang A entnommen werden. Die in Abbildung 3.15 in orange gefärbte Kurve zeigt den Viskositätsverlauf von Diesel nach DRUMM in Abhängigkeit vom Druck, bei einer Temperatur von 40°C, im Vergleich zu den Kennlinien nach SCHMIDT, die in grau dargestellt sind. Der Anstieg der Viskosität ist im Bereich hoher Drücke in den Ergebnissen von DRUMM deutlich größer als bei SCHMIDT. Die Ursache hierfür können Schwankungen in der Zusammensetzung des bei den Untersuchungen verwendeten Dieselkraftstoffs sein.

Insgesamt liegen die Viskositätswerte von Prüföl nach DIN ISO 4113 über dem untersuchten Druck- und Temperaturbereich in dem mittleren Bereich

der Werte, die für Diesel ermittelt wurden. Für beide Medien ist die sehr
hohe Viskositätszunahme um bis zu einem 15-fachen des Ausgangswerts mit
steigendem Druck bei niedrigen Temperaturen hervorzuheben. Bei höheren
Temperaturen nimmt die Druckabhängigkeit der Viskosität ab.

In Abbildung 3.16 ist die kinematische Viskosität von Benzin in Abhängigkeit von der Temperatur dargestellt. Es ist zu erkennen, dass die Viskosität
bei 15 °C ungefähr 0,7 mm²/s beträgt. Eine Temperaturerhöhung führt nur zu
einer geringen Abnahme. Eine ähnliche Temperaturabhängigkeit ist auch für
Super E10 zu erwarten.

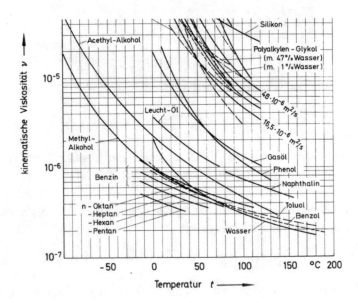

Abbildung 3.16: Kinematische Viskosität von Flüssigkeiten [Boh14]

Die kinematische Viskosität von Exxsol D40 beträgt unter Standardbedingungen 1,28 mm²/s und bei 40 °C 0,8 mm²/s [Exx08]. Damit ist die Viskosität von Exxsol D40 bei niedrigen Temperaturen deutlich höher als die Viskosität von Super E10. Bei steigenden Temperaturen nähern sich die Viskositätswerte an, da sich die Viskosität von Exxsol D40 deutlich stärker mit der
Temperatur ändert. Die Aussage trifft ebenfalls für die Betrachtung der dynamischen Viskosität zu, da sich die Dichten der beiden Medien wenig unterscheiden.

Daten zur Druckabhängigkeit der Viskositäten von Benzin und Exxsol D40 sind nicht bekannt. Eine Abschätzung aus den von DRUMM bestimmten Kennfeldern führt jedoch zu der Annahme, dass die Viskosität von Benzin um ein vielfaches geringer mit dem Druck ansteigt als dies bei Diesel der Fall ist. Da in Otto-Einspritzsystem zurzeit nicht so hohe Drücke auftreten, kann angenommen werden, dass nur geringe Viskositätsunterschiede aufgrund von Druckänderungen im Betriebsbereich auftreten. Für Exxsol D40 wird ebenfalls von einer geringen Änderung der Viskosität bei Drücken bis 200 bar ausgegangen.

3.3.3 Schallgeschwindigkeit und Kompressionsmodul

Die Schallgeschwindigkeit a ist die Ausbreitungsgeschwindigkeit einer Druckstörung dp bei isentroper Kompression ohne Wärmetausch. Nach LAPLACE gilt:

$$a = \sqrt{\frac{dp}{d\rho}} \qquad \text{Gl. 3.18}$$

Der Zusammenhang zwischen Schallgeschwindigkeit a, Dichte ρ und dem adiabaten Kompressionsmodul E kann für reine Flüssigkeiten durch folgende Gleichung beschrieben werden [Boh14]:

$$a = \sqrt{\frac{E}{\rho}} \qquad \text{Gl. 3.19}$$

Abbildung 3.17 zeigt die Druck- und Temperaturabhängigkeit der Schallgeschwindigkeit von Dieselkraftstoff nach SCHMIDT. DRUMM entwickelte für die Schallgeschwindigkeit von Diesel die Approximationsgleichung:

$$a = a_1 + a_2 T + a_3 p + a_4 \sqrt{p + a_5} + a_6 Tp \qquad \text{Gl. 3.20}$$

Die Parameter der Gleichung befinden sich in Tabelle A.3 im Anhang A. Es ergeben sich ein degressiver Anstieg der Schallgeschwindigkeit über den Druck und ein linear fallender Verlauf bei ansteigender Temperatur. Die Daten entsprechen in etwa denen, die auch JUNGEMANN für Prüföl bestimmt hat, so dass hier auf eine separate Darstellung des Kennfelds verzichtet wird.

Die Schallgeschwindigkeit von Benzin beträgt bei 20 °C und 1,013 bar 1170 m/s [Kur08]. Das druck- und temperaturabhängige Verhalten von Benzin und Super E10 wird äquivalent zu dem von Diesel aus Abbildung 3.17 angenommen. Daten zu Exxsol D40 sind nicht bekannt.

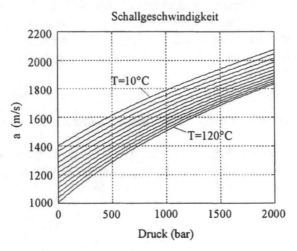

Abbildung 3.17: Schallgeschwindigkeit über Druck und Temperatur von Diesel [Sch99]

Aus den beschriebenen Abhängigkeiten zur Dichte und Schallgeschwindigkeit kann nach Gleichung 3.19 direkt auf das Kompressionsmodul geschlossen werden. Das Kompressionsmodul beschreibt die Änderung eines Volumens bei einer Druckänderung und ist somit definiert als

$$E = -V_o \frac{\partial p}{\partial V}$$ Gl. 3.21

Die Höhe des Druckabfalls im Injektor ist, bei Entnahme des gleichen Volumens durch eine Einspritzung, von der Kompressibilität des Mediums abhängig. Für schnelle Druckänderungen, wie sie bei Einspritzvorgängen oder in Hochdruckpumpen auftreten, kann der Wärmeübergang über die Systemgrenzen vernachlässigt werden, sodass es sich um einen adiabaten Prozess handelt.

Das Kompressionsmodul nimmt mit steigendem Druck und abnehmender Temperatur zu. Die Abhängigkeit zwischen Kompressionsmodul und Druck bei einer Temperatur von 40 °C ist über die von DRUMM untersuchten Kraftstoffe annähernd linear mit einer durchschnittlichen Zunahme des Kompressionsmoduls zwischen 8,43 bar/bar bis 9,9 bar/bar, bei einem Ausgangswert zwischen 8000 bar und 17000 bar bei atmosphärischem Druck. Das Kompressionsmodul fällt mit steigender Temperatur. Diesel hat bei 20 °C ein Kompressionsmodul von 15700 bar, das durchschnittlich um - 9,6 bar/K abfällt. Da Prüföl und Diesel annähernd über Druck und Temperatur die gleiche Dichte und Schallgeschwindigkeit aufweisen, muss auch das Kompressionsmodul gleich sein. Das Kompressionsmodul von Benzin beträgt 10300 bar unter Standardbedingungen. Zu Exxsol D40 sind keine Daten verfügbar.

Es lässt sich zusammenfassen, dass die hier betrachteten Stoffeigenschaften von Diesel und dessen Ersatzkraftstoff Prüföl nach DIN ISO 4113 annähernd in den untersuchten Temperatur- und Druckbereichen übereinstimmen. Damit sind alle aktuellen in Dieselsystemen auftretenden Drücke und Temperaturen abgedeckt. Für Benzin bzw. Super E10 und Exxsol D40 liegen insgesamt weniger Daten vor, besonders für das Verhalten der Stoffwerte bei hohen Drücken. Da bisher in Ottoeinspritzsystemen niedrigere Drücke verwendet werden, ist die Druckabhängigkeit weniger relevant und bisher in Untersuchungen nicht betrachtet worden. Aus dem Übertrag der in der Literatur verfügbaren Messungen folgt, dass sich die Stoffeigenschaften druckbedingt bei einem Betrieb bis 200 bar Raildruck nur in geringem Maß verändern. Die Temperaturabhängigkeit der Stoffdaten überwiegt. Hierbei sind Unterschiede zwischen den betrachteten Medien zu festzustellen. Hervorzuheben ist der große Unterschied in der Viskosität zwischen Exxsol D40 und Super E10, insbesondere bei niedrigen Temperaturen zwischen 15 °C und 25° C.

4 Versuchsaufbau und Messtechnik

4.1 Standardisierter Laboraufbau

Bei der Daimler AG sind verschiedene Labore zur Analyse des durch einen Injektor eingespritzten Kraftstoffs vorhanden. Neben der Bestimmung von Einspritzmassen- und Einspritzraten sind optische Aufnahmen vom Kraftstoffspray und Strahlkraftanalysen zentrale Bestandteile der Untersuchungen. Um eine gute Vergleichbarkeit der Ergebnisse untereinander erzielen zu können basieren alle Labore auf einem standardisierten Konzept.

Abbildung 4.1 zeigt den Aufbau des Labors zur Vermessung von Einspritzmassen und -raten für Dieselinjektoren. Das Prüfmedium wird in einem Badumwälzthermostat konditioniert. Von dort wird der Kraftstoff über eine Vorförderpumpe zur Hochdruckpumpe gefördert. Die Hochdruckpumpe, die über eine leistungsstarke E-Maschine angetrieben wird, stellt den erforderlichen Raildruck bereit. Die Regelung des Raildrucks erfolgt, je nach Vorgabe im Motorsteuergerät, entweder über die ZME oder das DRV. Von der Rail werden vier Injektoren über Hockdruckleitungen mit dem Prüfmedium versorgt. Einer dieser Injektoren ist über einen Adapter im Messgerät, dem Mexus 2.0, so verbaut, dass die Injektorspitze in die mit Prüfmedium gefüllte Kammer ragt. Der aus der Kammer ausströmende Kraftstoff fließt über einen Coriolis-Massendurchflussmesser (CMD-Messer) zu einem 3/2 Wege Ventil. Für einen Abgleich kann der Kraftstoff in einen Behälter für eine Waagemessung geleitet werden. Im anderen Fall fließt er zurück in den Sammelbehälter, der auch die abgesteuerten Massen des DRV und der ZME, sowie die Rücklaufmenge aus den Injektoren und die eingespritzte Masse der nicht vermessenen Injektoren auffängt und zurück in die Konditionieranlage leitet.

Die Injektoransteuerung wird über ein Motorsteuergerät bereitgestellt, kann aber wahlweise auch über eine Injektorendstufe realisiert werden. Die Ansteuerung der Komponenten des Messsystems und die Verarbeitung der Messdaten erfolgt mit einem Rechner. Im gesamten Kreislauf sind Temperatur- und Drucksensoren verbaut um kontinuierlich die Randbedingungen der Messung aufzuzeichnen. Ein Mess- und Automatisierungsrechner übernimmt

© Springer Fachmedien Wiesbaden GmbH, ein Teil von Springer Nature 2018
K. Rensing, *Experimentelle Analyse der Qualität außermotorischer Einspritzverlaufsmessungen und deren Übertragbarkeit auf motorische Untersuchungen*, Wissenschaftliche Reihe Fahrzeugtechnik Universität Stuttgart, https://doi.org/10.1007/978-3-658-21112-7_4

die zentrale Steuerung der Komponenten und die gesamtheitliche Erfassung und Speicherung der Daten.

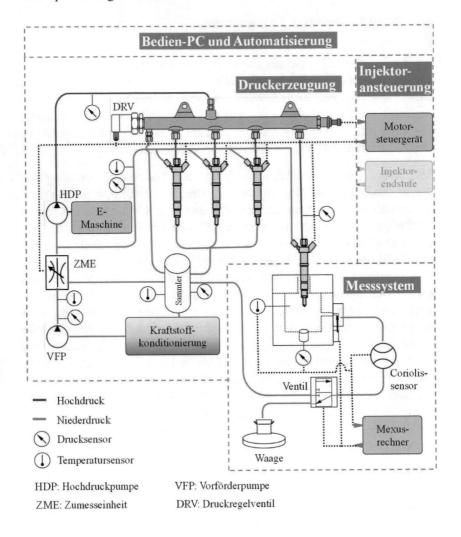

Abbildung 4.1: Aufbau des Labors zur hydraulischen Einspritzraten- und Einspritzmassenmessung

Die Hochdruckpumpe, das Rail und die Injektoren werden, wenn es sich nicht um Prototypen handelt, in der Serienkonfiguration verbaut. Durch die Standardisierung ist das Labor zur Vermessung der Einspritzmassen von Ottoinjektoren identisch mit den entsprechenden ottospezifischen Einspritz-komponenten aufgebaut. Das Messgerät ist hier ebenfalls ein Mexus 2.0.

4.2   Mexus 2.0

Die Bestimmung der Einspritzmasse kann auf einfache Weise mit einer Prä-zisionswaage erfolgen, indem eine größere Anzahl von Einspritzungen (n > 100) in einen Behälter geleitet werden, der anschließend gewogen wird. Eine andere Möglichkeit ist die Bestimmung der Masse über einen nachgeschalteten Coriolis-Massendurchflusssensor. In beiden Fällen erhält man einen Mittelwert der Einspritzmasse. Einzelmassen, Shot to Shot Ab-weichungen und Standardabweichungen können nicht ermittelt werden. Dazu sind spezielle Messgeräte notwendig.

Die Entwicklung von Messgeräten für die Analyse von Einspritzungen be-gann in den 1960er Jahren. Auf den damals entwickelten Messprinzipien basieren viele der heutigen Messsysteme. Ein Überblick über die verschiede-nen Messgeräte ist in Anhang D beschrieben. In den folgenden Untersuchun-gen wird für die Einspritzmassen- und Einspritzratenbestimmung das Mexus 2.0 verwendet.

Das Mexus 2.0 ermittelt die Einspritzrate aus der Druckerhöhung durch die Einspritzung in eine mit dem Prüfmedium gefüllte Messkammer. Die Mess-kammer ist wie in Abbildung 4.2 zu sehen ist, halbkugelförmig ausgeführt. Der Drucksensor befindet sich am unteren Ende der Kammer, gegenüber der Injektorspitze. Ein Temperatursensor bestimmt die Temperatur des Mediums in der Kammer. Am Auslass befindet sich ein Ventil, dessen Durchflussquer-schnitt durch eine abgeschrägte Nadel definiert ist. Die Position der Nadel wird über einen Exzenternocken, welcher über einen Schrittmotor bewegt wird, eingestellt. Während einer Messung ist die Position der Nadel so jus-tiert, dass über den Auslass in der Zeit zwischen zwei Einspritzvorgängen aus der Kammer genau die Masse wieder abfließt, die zuvor eingespritzt wurde. Außerdem wird durch die Nadelposition der Gegendruck eingeregelt. Im Rücklauf des Mexus 2.0 befindet sich ein Coriolis-Massen-

durchflussmesser (CMD), der den aus der Kammer austretenden Massenstrom bestimmt.

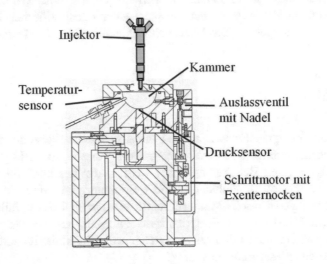

Abbildung 4.2: Schnittdarstellung Mexus 2.0 [Loc12/2]

Über den Massenerhaltungssatz folgt, dass die eingebrachte Masse $\frac{dm_I}{dt}$ in die
Kammer gleich der Differenz aus Massenzunahme in der Kammer $\frac{dm_K}{dt}$ und
der ausströmenden Masse über das Ventil $\frac{dm_O}{dt}$ ist.

$$\frac{dm_I}{dt} = \frac{d(\rho V)}{dt} - \frac{dm_O}{dt}$$

Gl. 4.1

Mit dem Zusammenhang zwischen Dichte ρ, Schallgeschwindigkeit a und
dem Druck in der Kammer p

$$\frac{d\rho}{dt} = \frac{1}{a^2} * \frac{dp}{dt}$$

Gl. 4.2

und der Durchflussgleichung nach Bernoulli

$$\frac{dm_O}{dt} = A * c_v * \sqrt{2\rho * \Delta p}$$

Gl. 4.3

ergibt sich

$$\frac{dm_I}{dt} = \underbrace{\frac{V}{a^2}}_{C_1} * \frac{dp}{dt} - \underbrace{A * c_v * \sqrt{2\rho}}_{C_2} * \sqrt{\Delta p}$$

Gl. 4.4

Die Fläche A entspricht dem Querschnitt, der durch die Ventilnadel eingestellt wird. Mit dem Durchflusskoeffizient c_v ergibt sich der effektive Durchflussquerschnitt, der sich am Auslass der Kammer einstellt. Für die weitere
Berechnung werden die Konstanten C_1 und C_2 eingeführt. Der Massenstrom
ist damit nur noch vom Druckverlauf in der Kammer abhängig, wenn die
beiden Konstanten bekannt sind.

Für n Einspritzungen bei einer Frequenz von $\frac{1}{T}$ entspricht, nach der Durchflussgleichung, die mittlere Masse, die aus der Kammer ausströmt

$$\bar{M} = \frac{1}{nT} \int_0^{nT} C_2 * \sqrt{\Delta p} \, dt$$

Gl. 4.5

$\bar{M}$ ist durch den nachgeschalteten Coriolis-Massendurchflussmesser bekannt.
Δp ergibt sich aus der Messung des Kammerdrucks abzüglich des Drucks im
Rücklauf, sodass

$$C_2 = \frac{\bar{M}}{\frac{1}{nT} \int_0^{nT} \sqrt{\Delta p} \, dt}$$

Gl. 4.6

In der Phase zwischen zwei Einspritzvorgängen ist $\frac{dm_I}{dt} = 0$ und damit gilt
nach Gleichung 4.4

$$0 = C_1 * \frac{dp}{dt} + C_2 * \sqrt{\Delta p}$$

Gl. 4.7

Aufgelöst nach C_1 ergibt sich

$$C_1 = -\frac{C_2 \sqrt{\Delta p}}{\frac{dp}{dt}}$$

Gl. 4.8

Mit dem zuvor bestimmten C_2 und dem Druckverlauf in der Kammer wird über die Methode der kleinsten Quadrate eine Lösung für C_1 berechnet.

Mit Gleichung 4.4 wird die Einspritzrate aus den Konstanten C_1 und C_2 und dem gemessenen Druckverlauf in der Kammer berechnet. Anschließend berechnet sich aus der Integration der Einspritzrate die Einspritzmasse. C_1 und C_2 werden dabei für jede Einspritzung neu bestimmt. [Loc12/1] [Loc12/2]

In Abbildung 4.3 ist der Gegendruckverlauf in der Kammer über zwei Einspritzzyklen dargestellt.

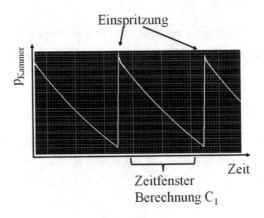

Abbildung 4.3: Druckverlauf in der Mexus 2.0 Kammer

Das Mexus 2.0 ist ein Messgerät, das ohne bewegliche Teile, wie einen Kolben, arbeitet und damit Einspritzraten gut bestimmen kann. Die Ratenbestimmung erfolgt unabhängig von den Stoffeigenschaften, sodass hier jedes beliebige Prüfmedium einsetzbar ist, ohne dass spezifische Kennfelder hinterlegt werden müssen. Es kann daher für Otto- und Dieselsysteme eingesetzt werden. Im Vergleich zu ähnlichen Messgeräten ist keine Schallgeschwindigkeitsmessung erforderlich. In Tabelle 4.1 sind die wichtigsten technischen Daten zum Otto und Diesel Mexus 2.0 zusammengefasst.

Tabelle 4.1:   Technische Daten Mexus [Loc12]

	Otto Mexus 2.0	Diesel Mexus 2.0
Messbereich	0,4 -150 mg	
Messgenauigkeit	0,05 mg/shot Im Bereich 0 - 50 mg	0,2 mg/shot Im Bereich 0 – 130 mg
Gegendruck	5 – 20 bar	5 – 80 bar
Einspritzfrequenz	5 – 60 Hz	
Messfrequenz	500 kHz	

4.3   Verwendete Injektoren

Für die Dieseluntersuchungen kamen drei servogesteuerte Piezo-Injektoren (Injektor A) und ein direktgesteuerter Piezo-Injektor (Injektor B) zum Einsatz. Alle Diesel-Injektoren besitzen eine Mehrlochdüse mit 8 Löchern. Injektor A1 besitzt einen Durchfluss von 860 cm³/min und kann mit einem Raildruck bis zu 2000 bar betrieben werden. Injektor A2 besitzt den gleichen Durchfluss wie Injektor A1, kann aber bei Raildrücken bis 3000 bar eingesetzt werden. Die letzte Variante, Injektor A3, besitzt einen geringeren Durchfluss von 660 cm³/min bei einem maximalen Raildruck von 2000 bar. Der direktgesteuerte Piezo-Injektor (Injektor B) kann mit Raildrücke bis maximal 2000 bar betrieben werden und besitzt einen Düsendurchfluss von 860 cm³/min. Die Daten sind in Tabelle 4.2 zusammengefasst.

Die Injektoren für die Untersuchungen am Ottosystem sind in Tabelle 4.3 zu sehen. Die Otto-Injektoren sind beide direktgesteuert. Das Öffnen der Düse von Injektor C erfolgt über ein Piezoelement, Injektor D wird über einen Magnet-Aktuator betätigt. Die Düsen der beiden Injektoren unterscheiden sich stark in der Geometrie und im Durchfluss. Der direktgesteuerte Piezo-Injektor (Injektor C) besitzt eine nach außen öffnende A-Düse mit einem Durchfluss von 1050 cm³/min. Der magnetgesteuerte Injektor

(Injektor D) bringt den Kraftstoff über eine Mehrlochdüse mit fünf Löchern und einem Durchfluss von 615 cm³/min in den Zylinder ein. Beide Injektoren können mit bis zu 200 bar Raildruck betrieben werden.

Tabelle 4.2:   Verwendete Injektoren für Untersuchungen am Dieselsystem

	Injektor A A1 | A2 | A3	Injektor B
Steuerung	Piezo servogesteuert	Piezo direktgesteuert
Düse	Mehrlochdüse 8 Löcher	Mehrlochdüse 8 Löcher
Durchfluss [cm³/min]	860 | 860 | 660	860
Maximaler Raildruck [bar]	2000 | 3000 | 2000	2000

Tabelle 4.3:   Verwendete Injektoren für Untersuchungen am Ottosystem

	Injektor C	Injektor D
Steuerung	Piezo direktgesteuert	Magnet direktgesteuert
Düse	A-Düse	Mehrlochdüse 5 Löcher
Durchfluss [cm³/min]	1050	615
Maximaler Raildruck [bar]	200	200

5 Analyse der außermotorischen Einspritzmessungen

Das Ergebnis einer Einspritzmessung sind die durch das Messsystem erfassten Einspritzraten und –massen, die vom wahren Wert abweichen können. Verschiedene Parameter beeinflussen die tatsächlich eingespritzte Masse und das Ergebnis deren Messung. Der gesamte Messaufbau einschließlich des Messgeräts hat dabei immer Auswirkungen auf die zu messende Größe und umgekehrt. Um die Qualität und Genauigkeit der Messungen beurteilen zu können, sind die möglichen Einflussgrößen und deren Wechselwirkungen untereinander zu analysieren.

Es werden zunächst die Parameter beschrieben, aus denen sich die tatsächlich eingespritzte Masse ergibt. Anschließend werden die Größen aufgezeigt, die relevant für die gemessene Masse sind. Daraus ergeben sich diejenigen Parameter, welche entscheidenden Einfluss auf die Messqualität für das Gesamtsystem haben.

Abbildung 5.1 zeigt einen Überblick über die wichtigsten Größen, die über den Ratenverlauf und die Einspritzmasse eines Injektors bestimmen. Der Einspritzverlauf und die daraus resultierende Einspritzmasse sind das Ergebnis aus Injektorgeometrie, gewählter Ansteuerung, anliegendem Raildruck, Temperatur, Art des Prüfmediums und Gegendruck im Zylinder.

Der Hersteller legt durch die Geometrie des Injektors und der Düse deren hydraulischen Durchfluss fest. Durch Fertigungstoleranzen variiert der Durchfluss von Injektoren des gleichen Typs. Zusätzlich können Verschmutzung und Alterungseffekte zu einem Drift über der Lebensdauer führen. Durch Vorgabe des Raildrucks und der Ansteuerung wird im Motor die eingespritzte Masse gesteuert. Aufgrund von Druckpulsationen die hauptsächlich durch die Hochdruckpumpe und den Druckabfall während einer Einspritzung in das System eingebracht werden, liegt der Raildruck nicht stabil an, sodass der Einspritzverlauf hierdurch beeinflusst wird. Das Ansteuerprofil und die Ansteuerdauer legen die Form des Ratenverlaufs fest. Das Ansteuerprinzip bestimmt hierbei die Grenzen der Ratenform wie zum Beispiel die maximale Ratensteilheit oder die Differenz zwischen Ansteuer- und Spritzdauerbeginn. Kraftstoff, Temperatur und Raildruck legen die Stoffwer-

© Springer Fachmedien Wiesbaden GmbH, ein Teil von Springer Nature 2018
K. Rensing, *Experimentelle Analyse der Qualität außermotorischer Einspritzverlaufsmessungen und deren Übertragbarkeit auf motorische Untersuchungen*, Wissenschaftliche Reihe Fahrzeugtechnik Universität Stuttgart, https://doi.org/10.1007/978-3-658-21112-7_5

te fest, welche die Strömungsvorgänge im inneren des Injektors und an der Düse beeinflussen. Der Raildruck und der Gegendruck außerhalb des Injektors bestimmen die Druckdifferenz über der Einspritzdüse und damit den Düsendurchfluss.

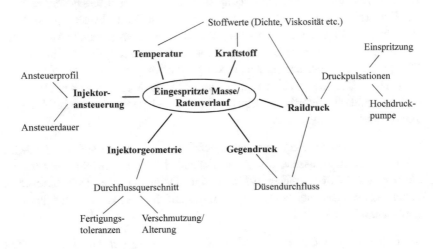

Abbildung 5.1: Parameter der Einspritzmasse und des Ratenverlaufs

Die Einspritzrate und –masse, die sich aus den oben genannten Parameter ergibt, kann mit einem Messgerät, wie dem Mexus 2.0, erfasst werden. Hierbei können die in Abbildung 5.2 dargestellten Parameter das Messergebnis beeinflussen. Die Einflussgrößen sind der Berechnungsalgorithmus, der Gegendruck und die Temperatur in der Messkammer.

Das Ergebnis einer Messung hängt von der Güte des Berechnungsalgorithmus des Mexus 2.0 ab. Für eine korrekte Massen- und Ratenbestimmung muss die Berechnung der Konstanten C_1 und C_2 und die Bestimmung von Spritzbeginn und –ende richtig erfolgen. Außerdem müssen die getroffenen Annahmen, auf die der Algorithmus basiert, stimmen, wie zum Beispiel die Unabhängigkeit von den Stoffwerten des Prüfmediums. Fehlerhafte Messergebnisse erhält man zudem aufgrund von Ungenauigkeiten bei der Bestimmung der Eingangsgrößen. Dies sind der gefilterte Gegendruckverlauf und die durch den Coriolis-Massendurchflussmesser ermittelte Masse. Die Temperatur und deren Verteilung, sowie der Druck und die Druckschwingungen in der Messkammer beeinflussen die Strömungsvorgänge, sowohl im Bereich des Injektors als auch am Auslass aus der Messkammer. Dies kann die Messqualität beeinflussen.

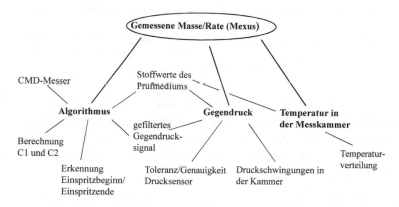

Abbildung 5.2: Parameter der gemessenen Einspritzmasse und des Ratenverlaufs

Zur Bewertung und Verbesserung der Qualität außermotorischer Einspritzmessungen wurden verschiedene Messreihen durchgeführt, mit denen die
vorgestellten Parameter und deren Einfluss auf die Messqualität bewertet
werden. Als maßgebliche Einflussgrößen ergeben sich hierbei Raildruck,
Temperatur und Gegendruck. In den folgenden Messreihen kommen zudem
verschiedene Injektorvarianten hinsichtlich Geometrie und Ansteuerkonzept
zum Einsatz, um die Injektoreinflüsse zu analysieren. Die Güte des verwendeten Algorithmus ist auf Basis der Messreihen ebenfalls bewertbar. Auf die
Bedeutung des Prüfmediums wird in Kapitel 6 näher eingegangen.

5.1 Raildruckuntersuchungen

Nach BERNOULLI beträgt der Massenstrom $\dot{m}$ durch eine Einspritzdüse

$$\dot{m} = A \cdot \mu \cdot \sqrt{2\rho \cdot (p_E - p_G)} \qquad \text{Gl. 5.1}$$

Dabei ist A der Durchflussquerschnitt, μ der Durchflussbeiwert, ρ die Dichte
des Mediums, p_E der Einspritzdruck an der Düse und p_G der Gegendruck am

Düsenaustritt. Anhand dieser Gleichung wird deutlich, dass der Einspritzdruck vor der Injektordüse maßgeblich den Einspritzmassenstrom bestimmt und damit eine zentrale Größe in der Analyse von Einspritzsystemen ist.

Die Erfassung des Kraftstoffdrucks direkt an der Düsenspitze ist nicht realisierbar. Dagegen ist die Messung des Drucks in der Rail oder der Hochdruckleitung mit piezoelektrischen Hochdrucksensoren mit geringem Aufwand umsetzbar. Mittels eines „Bridenadapters", einem speziell für Einspritzleitungen konzipierten Adapter, können Hochdrucksensoren in der Einspritzleitung von Dieselsystemen sehr nah vor dem Injektor positioniert werden. In Ottosystemen sind die Injektoren direkt an der Rail, ohne zusätzliche Leitung angeschlossen, sodass der Druck nur in der Rail gemessen werden kann.

Im Folgenden wird gezeigt, dass die Aufzeichnung und Auswertung des Drucks in der Einspritzleitung oder Rail genutzt werden kann, um die Qualität der Ergebnisse der Einspritzmassen- und Einspritzratenmessungen zu beurteilen und anschließend zu verbessern. Der Fokus dieses Kapitels liegt auf der Analyse von Untersuchungen am Hydrauliklabor für Dieseleinspritzsysteme. Auf Basis dieser Ergebnisse, lassen sich anschließend auch Aussagen für Ottoeinspritzsysteme treffen.

Aktuelle Kraftstoffsysteme im Dieselbereich ermöglichen die Druckregelung auf zwei Arten. Zum einen durch die Begrenzung des geförderten Massenstroms durch eine an der Hochdruckpumpe integrierten Zumesseinheit (ZME) oder durch die Absteuerung von überschüssigem Kraftstoff durch ein Druckregelventil (DRV) an der Rail. Die erste Variante ist dabei energetisch günstiger, da nur der benötigte Kraftstoff auf Hochdruck gebracht wird. Das Druckregelventil bietet jedoch die Vorteile durch einen hohen Volumenstrom das System zu erwärmen und einen schnelleren Druckabbau zu ermöglichen. Daher beginnt die Druckregelung im Motor über das DRV und schaltet im folgenden Betrieb auf ZME Regelung um. Aufgrund des dynamischen Betriebs treten Kombinationen aus DRV und ZME Regelung auf. Im Labor werden dagegen nur stationäre Betriebspunkte vermessen und die Druckregelung erfolgt entweder über ZME oder DRV. Dadurch lassen sich beide Betriebsweisen getrennt voneinander analysieren. Die Druckregelung mit ZME oder mit DRV führt zu unterschiedlichen Druckpulsationen im Rail und beeinflusst dadurch den Druck, der zu Einspritzbeginn an den Injektoren anliegt.

Erste Untersuchungen im Einspritzlabor für Dieselsysteme mit einem servogesteuerten Injektor (Injektor A1) weisen bei der Messung von 100 Einspritzungen eine hohe Standardabweichung von 0,34 mg (1,5 %) auf. Die mittlere
Einspritzmasse betrug 22,6 mg und die Druckregelung erfolgte über das
DRV, mit einem Sollwert für den Raildruck von 1400 bar und einem Gegendruck von 60 bar. Eine Messung mit ZME-Regelung unter sonst gleichen
Randbedingungen ergab eine deutlich geringere Standardabweichung von
0,13 mg (0,56 %). Abbildung 5.3 zeigt die Ergebnisse der Einspritzmassen
dieser beiden Messungen. Zusätzlich ist der Druck, der vor Beginn jeder
Einspritzung anliegt aufgetragen. Dieser Druckwert ermittelt sich aus den
Daten eines Drucksensors, der direkt vor dem Injektor in der Leitung ange-
bracht ist.

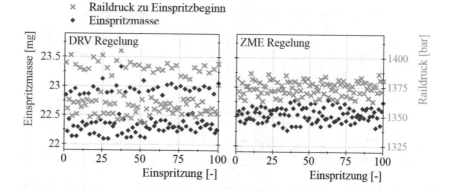

Abbildung 5.3: Vergleich von Einspritzmassen und Raildruck zu Einspritzbeginn über 100 Einspritzungen

Es fällt auf, dass die Streuung des Einspritzdrucks mit den Unterschieden in
der Einspritzmasse korreliert. Bemerkenswert ist außerdem, dass sich der
Raildruck bei DRV-Regelung in zwei Bereiche unterteilt. Ein Teil der Einspritzungen erfolgt annähernd bei Solldruck von 1400 bar, während der Raildruck für zwei Drittel der Einspritzevents um 50 bar geringer ist, wodurch
die Massen im Mittel um 0,6 mg niedriger ausfallen. Bei ZME-Regelung
streuen der Raildruck ebenso wie die Einspritzmassen unregelmäßig in einem engeren Bereich.

Die Ursache der Raildruckunterschiede zwischen den Messungen mit DRV- und ZME-Regelung liegen in den Druckschwankungen, die durch die Hochdruckpumpe in das System eingeleitet werden. In Abbildung 5.4 ist beispielhaft ein Vergleich zwischen einem Raildruckverlauf mit DRV- und mit ZME-Regelung über einen Zeitraum von 150 ms dargestellt. Die Messung erfolgte mit einer 2-Stempel Radialkolbenpumpe bei einer Motordrehzahl von 2000 rpm, einer Solleinspritzmenge von 22,5 mg und einem Sollraildruck von 1400 bar. Bei DRV-Regelung arbeitet die Pumpe in Vollförderung, sodass die Pumpenhübe ausgeprägte Druckschwankungen in das System einleiten. Die kleineren Fördermengen mit ZME-Regelung liefern dagegen einen konstanteren Druckverlauf, der lediglich durch den Einspritzvorgang kurzzeitig einbricht.

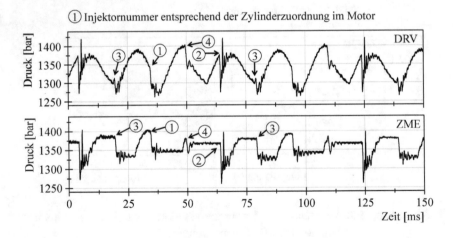

Abbildung 5.4: Raildruckverlauf bei DRV- und ZME-Regelung über mehrere Einspritzzyklen

Der Beginn der Einspritzungen der einzelnen Injektoren des vermessenen 4-Zylinder Systems ist in Abbildung 5.4 markiert. Es ist zu erkennen, dass bei DRV-Regelung aufgrund der unterschiedlichen Lage der Einspritzung zum Pumpenhub die Einspritzdrücke in einem Bereich von 100 bar variieren. Die Einspritzungen von Injektor 3 und 1 findet zum Ende des Förderhubs der Pumpe, also auf dem Druckberg statt, während die anderen Einspritzungen von Injektor 4 und 2 im Saughub der Pumpe, das heißt im

Drucktal, abgesetzt werden. Die Förderhübe der ZME-Regelung sind weniger stark ausgeprägt und die Unterschiede im Einspritzdruck sind mit 40 bar deutlich geringer.

Im Hydrauliklabor wird die Hochdruckpumpe über einen Elektromotor angetrieben dessen Drehzahl prinzipiell unabhängig von der Injektoransteuerung und damit der simulierten Motordrehzahl gewählt werden kann. Dies hat zur Folge, dass die Einspritzung zu einer beliebigen Pumpenlage erfolgt und die Einspritzdrücke von Einspritzung zu Einspritzung stark variieren. In Abbildung 5.5 sind zwei Raildruckverläufe bei DRV-Regelung dargestellt, bei denen eine Einspritzung zuerst im Druckberg und dann im Drucktal abgesetzt wurde. Der Raildruckunterschied zu Einspritzbeginn beträgt 130 bar woraus ein Massenunterschied von 2,24 mg und damit 3,2 % entsteht.

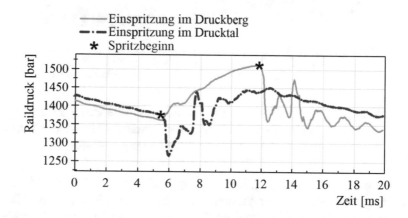

Abbildung 5.5: Druckverläufe von zwei Einspritzung im Druckberg und im Drucktal ($p_{E\_soll} = 1500$ bar, $p_G = 60$ bar)

Im realen Dieselmotor sind Pumpendrehzahl und Einspritzung mechanisch in einem bestimmten Verhältnis aneinander gekoppelt. Einspritzlage und Pumpenhub liegen immer gleich zueinander. Um dies im Labor nachzubilden, muss dort das simulierte Nocken- und Kurbelwellensignal mit der Drehlage der Hochdruckpumpe synchronisiert werden. Dazu wird über einen Inkrementgeber am Elektromotor die Drehlage der Pumpe eindeutig bestimmt und gibt damit der Software die Lage des Nocken- und Kurbelwellensignals vor. Nach Umsetzung dieser Synchronisierung erhält man bei Wiederholung der ersten Messung das in Abbildung 5.6 dargestellte Ergebnis. Der Druck zu Einspritzbeginn bewegt sich in einem Bereich von 15 bar. Die Standardabweichung der Massen reduzierte sich bei DRV-Regelung auf 0,093 (0,4 %) und bleibt bei ZME-Regelung mit 0,138 mg (0,59 %) auf gleichem Niveau. Die bleibende shot-to-shot Abweichung ist nun unabhängig von Raildruckunterschieden und lässt sich für die Bewertung des Injektors nutzen.

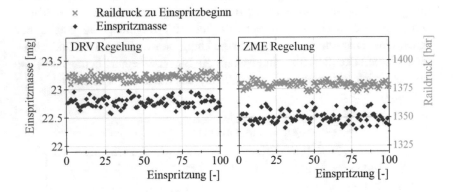

Abbildung 5.6: Vergleich von Einspritzmassen und Raildruck zu Einspritzbeginn nach Umsetzung der Synchronisierung von Kurbel- und Nockenwellensignal zur Pumpendrehlage

Durch die Synchronisierung, kann sichergestellt werden, dass die Einspritzung sowohl während einer Messreihe, als auch nach jedem Start des Messsystems, an der gleichen Position bezogen auf den Pumpenhub erfolgt. Dadurch wird die Reproduzierbarkeit der Messergebnisse hinsichtlich gleicher Raildruckbedingungen sichergestellt. Es lassen sich dabei für beide Druckregelvarianten ähnlich gute Ergebnisse erzielen, sodass die Wahl der Druckregelungen nach den Anforderungen an die Messaufgabe erfolgen kann. Bei DRV-Regelung bleibt zu beachten, dass weiterhin ein großer Druckunterschied zwischen Druckberg und Drucktal besteht, dessen Höhe von der Anzahl der Stempel und dem Fördervolumen der Pumpe abhängt. Die Lage der Einspritzung ist so zu wählen, dass der Druck zu Einspritzbeginn dem gewünschten Raildruck entspricht.

Aus den Druckverläufen, die vor dem Injektor aufgezeichnet werden, lassen sich Informationen ablesen, die genutzt werden können, um auf die Einspritzrate zu schließen. Dies ist erforderlich, wenn die Einspritzrate, zum Beispiel während Einzylinder- und Vollmotoruntersuchungen, nicht gemessen werden kann.

BAUER leitete aus der Messung von Nadelhub, Leitungsdruck und Verbrennungsdruck die Einspritzrate ab. Die Stützstellen für die Ratenbestimmung sind in Abbildung 5.7 dargestellt. Bei dem von BAUER untersuchten Injektor erreicht der Nadelhub sein Maximum (1) wenn die ansteigende Flanke der Einspritzrate endet (2). Das Schließen der Nadel (3) führt sofort zu einer Drosselung, und ist damit zeitgleich der Beginn der abfallenden Flanke (4). Dies ergibt zwei Stützstellen für die Einspritzrate. Unter der Voraussetzung, dass der Druckabfall proportional zur eingespritzten Kraftstoffmasse ist, kann aus dem Raildruckverlauf der Ratenverlauf zwischen den Stützstellen berechnet werden. Anschließend erfolgt die Bestimmung der Steigung der Flanken so, dass das Integral der Fläche unter der Einspritzrate der Einspritzmasse entspricht. [Bau07]

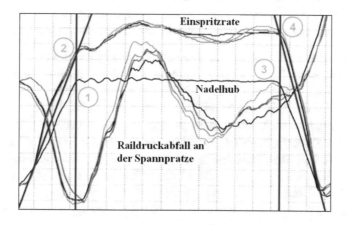

Abbildung 5.7: Ermittlung der Einspritzrate am gefeuerten Motor nach BAUER [Bau07]

Nachteil dieses Verfahrens ist, dass es nur für speziell ausgerüstete Injektoren mit Nadelhubsensor eingesetzt werden kann und selbst dann nicht für alle Injektortypen anwendbar ist. Der Nadelhubverlauf gibt nicht für alle Injektortypen Auskunft über den Zeitpunkt der vollen Öffnung der Düsenlöcher, sodass die Stützstellen der Flanken der Einspritzrate nicht bestimmt werden können. Dies trifft zum Beispiel auf den servogesteuerten Piezo-Injektor (Injektor A) zu. Der Nadelhubverlauf dieses Injektors ist wie in Abbildung 3.5 zu erkennen ist dreiecksförmig. Den maximalen Nadelhub erreicht der Injektor erst nach sehr langen Ansteuerdauern, die im praxisrelevanten Betriebsbereich nicht auftreten.

Denso entwickelte mit i-ART ein Verfahren, zur Auswertung der Einspritzratenverläufe von Dieselinjektoren mittels Analyse des Druckabfalls im Injektor während des realen Motorbetriebs. Im oberen Bereich des Injektors, dort wo der Kraftstoff aus der Hochdruckleitung den Injektor erreicht, wird mit einem Drucksensor der Druckverlauf während eines Einspritzvorgangs vermessen. Aus dem Druckverlauf wird mit einem Auswertealgorithmus auf die Einspritzrate geschlossen. Durch dieses Verfahren können Abweichungen der Einspritzrate zum gewünschten Sollverlauf erkannt und korrigiert werden. Das ermöglichte es Alterungseffekte und Unterschiede im Einspritzverhalten, bedingt durch die Varianz der Injektoren, während des Betriebs zu erkennen. Hieraus ergeben sich Potentiale, um den Applikationsaufwand in der Entwicklungsphase für den Serieneinsatz zu minimieren. [Den10]

Im Folgenden wird gezeigt, dass auch ohne Aufzeichnen des Nadelhubs oder einem mit einem Drucksensor ausgerüsteten Injektor, allein aus dem Druckverlauf in der Einspritzleitung, wichtige Informationen zum Einspritzratenverlauf abgeleitet werden können. Der Vorteil ist, dass hierfür nur ein Drucksensor in der Einspritzleitung bzw. in Ottomotoren in der Rail verbaut werden muss. Dadurch kann das Verfahren prinzipiell für jeden Injektor angewendet werden, ohne diesen zu modifizieren oder mit spezieller Messtechnik auszustatten. Außerdem wird die Vergleichbarkeit der gemessenen Druckverläufe für Untersuchungen verschiedener Injektoren erhöht, da die gleiche Messstelle für die Aufzeichnung der Druckwerte verwendet werden kann.

Abbildung 5.8 zeigt das Ergebnis einer Simulation eines Einspritzvorgangs mit einem servogesteuerten Piezo-Injektor (Injektor A1) für Dieselsysteme. Dargestellt sind der Düsendruck, die Einspritzrate, der Nadelhubverlauf und der Ansteuerstrom. In Abbildung 5.9 sind die der Simulation entsprechenden Verläufe der gemessenen Einspritzrate, des Kraftstoffdrucks in der Leitung vor Injektor und der Spannungsverlauf aufgetragen. Der Druckverlauf ist dabei um die Laufzeit zwischen Düsenspitze und Drucksensor korrigiert worden und kann direkt mit dem Düsendruck aus der Simulation verglichen werden.

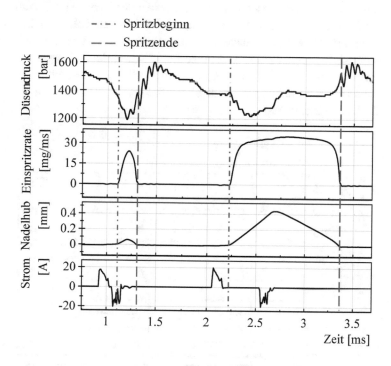

Abbildung 5.8: Simulierte Einspritzrate eines servogesteuerten Piezo-Injektors (Injektor A1) für Dieselmotoren [Bos14]

Der Leitungsdruck der Messung und der Düsendruck aus der Simulation weisen einen vergleichbaren charakteristischen Verlauf auf. Demnach wird der Druckverlauf vor dem Injektor nicht wesentlich durch den Betrieb des Injektors in dem Messgerät (Mexus 2.0) beeinflusst. Aus den beiden Druckverläufen können die gleichen Informationen abgelesen werden.

Zu Beginn der Ansteuerung öffnet sich das Servoventil des Injektors, wodurch eine Leckagemenge über den Rücklauf abfließt. Der Druck im Injektor fällt hierdurch ab, ohne dass die Düsenlöcher geöffnet sind. Gibt die Nadel die Düsenlöcher frei, fällt der Druck im Injektor stärker ab. Der Beginn der Einspritzung kennzeichnet sich durch den Übergang vom leichten

Druckabfall durch die Leckagemenge zum hohen Druckabfall durch die Einspritzung. Dieser Effekt ist in der realen Messung noch deutlicher zu erkennen als in den Simulationsergebnissen, in denen der Druck vor Einspritzbeginn bei der Haupteinspritzung konstant bleibt. Zum Beenden der Einspritzung verschließt die Injektornadel die Düsenlöcher. Durch das Auftreffen der Injektornadel im Nadelsitz entsteht eine Druckwelle, die in Düsennähe sehr ausgeprägt auftritt und sich bis in die Kraftstoffleitung ausbreitet. Die gemessene Drucküberhöhung in der Kraftstoffleitung ist also der Indikator für das Ende der Einspritzung.

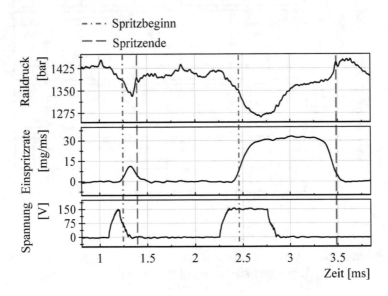

Abbildung 5.9: Gemessene Einspritzrate eines servogesteuerten Piezo-Injektors (Injektor A1) für Dieselmotoren

Der Druckverlauf in der Einspritzleitung eines direktgesteuerten Piezo-Injektors (Injektor B) für Dieselmotoren ist in Abbildung 5.10 dargestellt. Hieraus lassen sich zwei charakteristische Punkte ableiten mit denen auf die Einspritzrate geschlossen werden kann. Der Injektor ist direktgesteuert und arbeitet ohne Leckage, weshalb der Abfall im Einspritzdruck den Spritzbeginn kennzeichnet. Der Beginn der fallenden Flanke der Einspritzrate korreliert mit einem Druckanstieg, in dessen Folge vermehrt Schwingungen auftreten. Für das Spritzende lässt sich für diesen Injektortyp kein charakteristisches Verhalten im Druckverlauf ablesen.

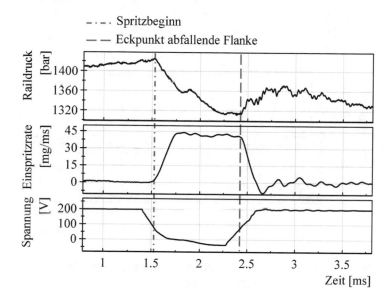

Abbildung 5.10: Gemessene Einspritzrate eines direktgesteuerten Piezo-Injektors (Injektor B) für Dieselmotoren

Die Druckverläufe in Otto-Systemen, die in der Kraftstoffrail erfasst werden, eignen sich weniger gut für Rückschlüsse auf die Einspritzrate. Durch die größere Entfernung des Drucksensors zum Injektor und dem dazwischenliegenden Volumen in der Kraftstoffrail wird der Druckabfall der Einspritzung stark gedämpft. Es gibt daher weniger markante Änderungen im Druckverlauf oder Druckspitzen, die sich als Indikatoren eignen.

In Abbildung 5.11 ist der Raildruckverlauf während einer Einspritzung für einen Otto-Magnet-Injektor (Injektor D) dargestellt. Der Raildruckverlauf verhält sich ähnlich wie der des direktgesteuerten Piezo-Diesel-Injektors. Spritzbeginn und Eckpunkt der abfallenden Flanke können daraus abgelesen werden. Durch den weicheren Verlauf, der sich aus der Dämpfung ergibt, ist dieses Verfahren jedoch fehleranfällig. Dies hat sich auch bei der Untersuchung eines Otto-Piezo-Injektors (Injektor C) bestätigt.

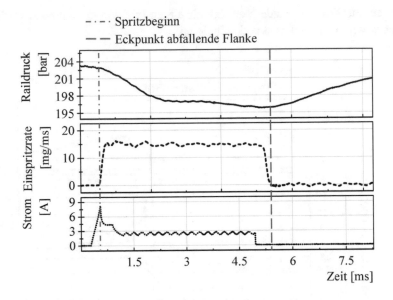

Abbildung 5.11: Gemessene Einspritzrate eines Magnet-Injektors (Injektor D) für Ottomotoren

Die Spritzdauerbestimmung aus den Druckverläufen der Einspritzleitung für Dieselsysteme liefert für die beiden untersuchten Injektortypen sehr gute Ergebnisse mit einer Genauigkeit von +/- 10μs. Die vorgestellte Methodik kann daher für Einspritzanalysen von Dieselsystemen verwendet werden, wenn parallel keine Einspritzratenmessung möglich ist. Soll ein anderer Injektortyp untersucht werden, sind zuvor anhand einer Druckanalyse die charakteristischen Merkmale im Verlauf zu identifizieren. Für Otto-Systeme ist die Methode aufgrund der Position des Drucksensors weniger geeignet und sollte nur mit Bedacht angewendet werden.

Das vorgestellte Verfahren ist prinzipiell unabhängig vom Injektorkonzept und davon ob der Injektor in einem motornahen System oder in einer außermotorischen Untersuchung betrachtet wird. Deshalb eignet es sich nicht nur für die Bewertung eines Injektors, sonder auch für die detaillierte Analyse und Bewertung der Messtechnik von außermotorischen Einspritzuntersuchungen. Zum Beispiel lässt sich die Genauigkeit der Messtechnik im Bezug auf die Bestimmung von Spritzbeginn und Spritzende feststellen. Zudem können die Einspritzraten eines Injektors einer außermotorischen Untersuchung mit denen von motorischen Untersuchungen verglichen werden. Dies gibt Aufschluss über die Übertragbarkeit von außermotorischen Untersuchungen auf motorische Systeme.

5.2 Temperaturverhalten

Das Prüfmedium wird im Labor in einer Konditioniereinheit in der Regel auf 25 °C temperiert und durch eine Vorförderpumpe zur Hochdruckpumpe gebracht. Dort erwärmt es sich durch die Verdichtung in der Pumpe. Bei DRV-Regelung arbeitet die Hochdruckpumpe in Vollförderung, wodurch der Wärmeintrag in das System deutlich höher ist als bei ZME-Regelung. Durch die Einspritzung entspannt sich das auf Hochdruck gebrachte Prüfmedium auf den in der Messkammer eingestellten Gegendruck. Dies führt dazu, dass die Temperatur des Fluids in der Kammer steigt. Aus dem ersten Hauptsatz der Thermodynamik folgt für die Energieerhaltung über der Düse unter der Annahme einer inkompressiblen Flüssigkeit:

$$p_1 V_1 + m c_v T_1 = p_2 V_2 + m c_v T_2 \qquad \text{Gl. 5.2}$$

Geht man für eine erste Abschätzung von einer konstanten Dichte aus, folgt für die Temperaturänderung:

$$\Delta T = \frac{\Delta p}{\rho c_v} \qquad \text{Gl. 5.3}$$

Aus einer Expansion des Prüfmediums von 2000 bar auf 60 bar, bei einer Dichte von 840 kg/m^3 und einer spezifischen Wärmekapazität von 1926 J/(kgK), ergibt sich eine Temperaturerhöhung von 120 °C. Je größer der Massenstrom durch die Injektordüse ist, desto größer sind die abgegebene Wärmemenge und die Aufheizung des Systems. Die Wärme wird an die Düsenspitze, den Injektorkörper und den Adapter übertragen. Durch den Betrieb des Injektors und den im inneren ablaufende Druckänderungen erwärmt sich der Injektorkörper zusätzlich. Die Temperaturerhöhung hat eine

Verringerung der Viskosität und Dichte zur Folge (vgl. Kapitel 3.3). Damit verändert sich das Strömungsverhalten im Injektor, an der Injektordüse sowie wie am Auslass der Mexuskammer.

Im Folgenden soll untersucht werden, ob das Mexus 2.0 die Einspritzmassen unter verschiedenen Temperaturbedingungen korrekt bestimmt. Es ist außerdem zu bewerten, welchen Einfluss eine Temperaturänderung auf das Injektorverhalten hat und wie sich diese auf die Qualität der Laboruntersuchungen auswirkt.

Dieselsysteme weisen, aufgrund der hohen Druckdifferenzen, stärkere Temperaturänderungen als Ottosysteme auf. Deshalb wurden die Messungen mit einem Dieselsystem durchgeführt. Als Injektoren wurden der servogesteuerte Piezo-Injektor (Injektor A1) und der direktgesteuerter Piezo-Injektor (Injektor B) eingesetzt. Beide Injektoren besitzen eine 8-Loch Düse, die einen Durchfluss von 860 cm³/min aufweist, und können maximal mit 2000 bar Raildruck betrieben werden.

Über einen Zeitraum von mehreren Stunden wurden in kurzen Abständen Messungen durchgeführt, bei denen die Einspritzmassen sowohl mit dem Mexus 2.0 als auch mit der Waage ermittelt worden sind. Die Temperatur in der Messkammer wurde währenddessen mit Hilfe des im Mexus 2.0 integrierten Temperatursensors aufgezeichnet. Am Adapter zur Fixierung des Injektors am Messgerät befindet sich ebenfalls ein Temperatursensor. Hierdurch lässt sich die Erwärmung innerhalb des Injektorkörpers abschätzen. Zu Beginn jeder Untersuchung befindet sich das System in einem nicht konditionierten „kalten" Zustand (Raumtemperatur).

In Abbildung 5.12 sind die gemessenen Einspritzmassen und Temperaturen über einen Zeitraum von drei Stunden für den servogesteuerten Injektor (Injektor A1) dargestellt. Die Ansteuerdauer betägt 505 µs, der Raildruck liegt bei 1500 bar. Zu Beginn der Untersuchung werden an dem Adapter und in der Messkammer 25° C gemessen. In den ersten 40 Minuten steigt die Temperatur innerhalb der Messkammer und am Adapter um ca. 55 °C an. Die Einspritzmasse nimmt durch die Temperaturzunahme um 1,5 mg zu, was einer Massenzunahme von 5,3 % entspricht. Nach 40 Minuten erhöht sich die Temperatur nur noch minimal und das System befindet sich in einem stabilen aufgeheizten Zustand. In dem Bereich in dem keine weitere Erwärmung stattfindet bleibt die Einspritzmasse stabil. Das Mexus 2.0 und die

Waage liefern über die gesamte Messdauer übereinstimmende Ergebnisse. Demnach ist die Einspritzmassenbestimmung des Mexus 2.0 unabhängig von der Temperatur. Es verändert sich nur die tatsächlich durch den Injektor eingespritzte Masse.

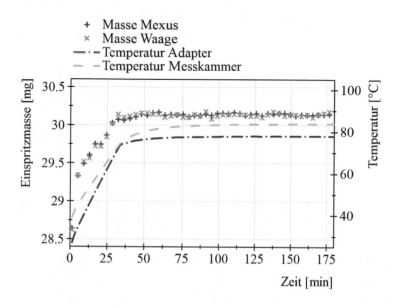

Abbildung 5.12: Langzeituntersuchung der Einspritzmasse eines servoge-steuerten Piezo-Injektors (Injektor A1)

Für den direktgesteuerten Injektor (Injektor B) wurde ebenfalls eine Lang-zeitmessung durchgeführt, deren Ergebnis in Abbildung 5.13 dargestellt ist. Der Raildruck liegt ebenfalls bei 1500 bar und die Ansteuerdauer beträgt 700 μs, um einen vergleichbare Einspritzmasse zu erhalten. Aufgrund der Erkenntnisse aus der vorangegangenen Untersuchung, konnte die Messung nach 120 Minuten beendet werden, da sich das System nach diesem Zeitraum bereits ausreichend lange in der stabilen aufgeheizten Phase befindet. Um die Messung zu automatisieren, wurde auf eine parallele Waagemessung ver-zichtet. Eine Voruntersuchung ergab, dass auch mit dem direktgesteuerten Injektor die Mexus- und Waageergebnisse bei verschiedenen Temperaturen übereinstimmen.

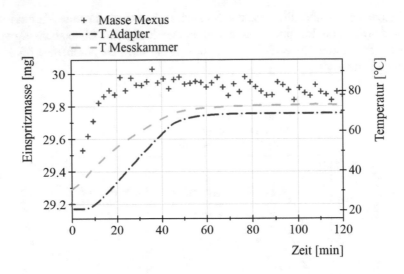

Abbildung 5.13: Langzeituntersuchung der Einspritzmasse eines direktgesteuerten Piezo-Injektors (Injektor B)

Das Ergebnis der Messung zeigt ein ähnliches Aufheizverhalten der Messkammer und des Adapters, wie mit dem servogesteuerten Piezo-Injektor
(Injektor A1) aus der zuvor betrachteten Untersuchung. Nach 50 Minuten
erreichen die Temperaturen in der Kammer und am Adapter ihren Maximal-
wert, der jedoch ca. 10 °C niedriger liegt als mit dem servo-gesteuerten Injektor (Injektor A1). Die Einspritzmasse steigt über die Dauer der Messung
um 0,7 mg (2,4 %) an. Auffällig ist, dass nach 20 Minuten die maximale
Masse gemessen wird, obwohl die Temperaturen noch nicht ihr Maximum
erreicht haben. Zum Ende der Messdauer nimmt die Einspritzmasse wieder
leicht ab. Nach einer Messdauer von 20 Minuten treten Schwankungen in der
gemessenen Einspritzmasse auf. Diese sind auf den Injektor zurückzuführen,
der eine hohe Standardabweichung der Einspritzmassen aufweist.

Die Temperaturabhängigkeit der Einspritzmasse ist für die beiden Injektortypen in weiteren Betriebspunkten untersucht worden. In Abbildung 5.14 sind
die absoluten und prozentualen Massenabweichungen für eine kleine, mittlere und hohe Einspritzmasse dargestellt, die sich durch eine Temperaturerhöhung zwischen 12-15 K ergeben (T_{Start_2mg} = 32 °C, T_{Start_30mg} = 39 °C,
T_{Start_70mg} = 69 °C; p_{E_2mg} = 1200 bar, p_{E_30mg} = 1500 bar, p_{E_70mg} = 1800 bar).

Da die Adapter- und Kammertemperatur mit einem gewissen Offset zueinander korrelieren wird im Folgenden nur die Kammertemperatur genannt.

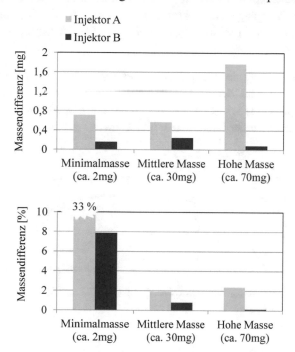

Abbildung 5.14: Massendifferenz durch eine Temperaturerhöhung in der Mexuskammer um 12 - 15

Der servogesteuerte Injektor (Injektor A1) zeigt bei einer Temperaturerhöhung um 12 - 15 K eine Massenabweichung von 2 % für die mittlere und hohe Einspritzmasse. Die gemessene Abweichung im Minimalmassenbereich beträgt 0,8 mg und damit 33 %. Die Massen des direktgesteuerten Injektors (Injektor B) weisen geringere Unterschiede bei gleicher Temperaturerhöhung auf. Die Massenänderung nimmt prozentual bei steigenden Einspritzmassen ab. Bei der Minimalmasse wurde eine Massenzunahme von 8 % festgestellt. Für den Betriebspunkt mit hoher Masse liegt die Massenabweichung im Bereich der Messtoleranz des Mexus 2.0.

Beide Injektoren besitzen eine Mehrlochdüse mit vergleichbarer Lochgeometrie und reagieren dennoch unterschiedlich auf Temperaturänderungen.

Abweichungen im Durchflussverhalten können somit nicht allein für diese Massenunterschiede verantwortlich sein. Um die Auswirkungen der Temperatur auf die Vorgänge am Injektor zu analysieren, werden im Folgenden die Einspritzraten der in Abbildung 5.14 dargestellten Messung mit mittlerer Masse analysiert.

Aus der Darstellung der Einspritzraten des servogesteuerten Piezo-Injektors (Injektor A1) in Abbildung 5.15 geht hervor, dass bei einer höheren Temperatur das Spritzende leicht nach hinten verschoben wird. Der Durchfluss im stationären Bereich der Einspritzung bleibt unverändert.

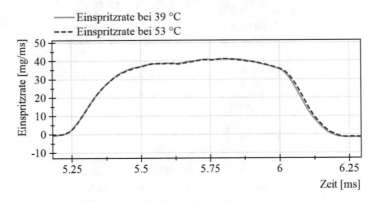

Abbildung 5.15: Einspritzrate des servogesteuerten Injektors (Injektor A1) für die mittlere Masse bei 39 °C und 53 °C

In Abbildung 5.16 sind die zwei Einspritzraten bei 39 °C und 58 °C des direktgesteuerten Injektors (Injektor B) dargestellt. Es ist zu erkennen, dass die Massenänderung hier ein Resultat aus Durchflussänderung und Spritzdauerunterschied ist. Die Einspritzrate zeigt bei einer höheren Temperatur einen stärkeren Anstieg der steigenden Flanke und ein langsameres Abfallen der fallenden Flanke, wodurch die Spritzdauer zunimmt. Bei 58 °C Kammertemperatur ist der Durchfluss im stationären Bereich der Rate geringer als bei 39 °C Kammertemperatur.

Die Spritzdauerunterschiede beider Injektoren resultieren aus den für die Öffnung und das Schließen der Düse verantwortlichen Vorgängen innerhalb des Injektors. Die Ausdehnung der Piezo-Elemente, die in den Injektoren verwendet werden, ist temperaturabhängig. Im direktgesteuerten Injektor

(Injektor B) wird die Nadel direkt über das Piezo-Element bewegt, sodass eine Veränderung im Piezoverhalten direkt Auswirkungen auf das Öffnungs- und Schließverhalten hat. Dies erklärt die Spritzdauerunterschiede der Einspritzraten aus Abbildung 5.16. Der servogesteuerte Injektor (Injektor A1) nutzt das Piezo-Element, um ein Ventil im Injektor zu öffnen, damit über Druckänderungen im Injektor die Nadel angesteuert werden kann (siehe Kapitel 3.1.3). Durch die Temperaturänderung verändert sich die Viskosität des Prüfmediums. Dies wiederum beeinflusst die Durchflüsse durch die Drosseln innerhalb des Injektors, wodurch sich das Schließverhalten ändert.

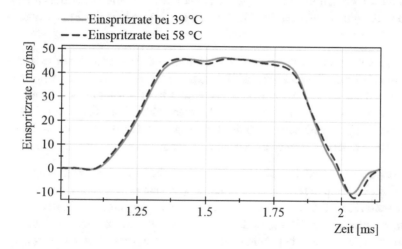

Abbildung 5.16: Einspritzrate des direktgesteuerten Injektors (Injektor B) für die mittlere Masse bei 39 °C und 58 °C

Der Düsendurchfluss ist abhängig von der Viskositäts- und Dichteänderung des Prüfmediums. Eine Temperaturerhöhung führt zu einer Abnahme der Viskosität und der Dichte. Sinkt die Viskosität steigt der Volumenstrom durch die Düse an. Gleichzeitig ist die Dichte des Mediums geringer, sodass der Massenstrom abnimmt. Abhängig von Düsengeometrie und Prüfmedium[1] bestimmt sich das Ergebnis für den Massenstrom bei einer Temperaturzunahme aus dem Einfluss von Viskositätsänderung zu Dichteänderung. Der Massenstrom kann fallen, wie dies beim direktgesteuerten Injektor (Injek-

---

[1] Auf den Einfluss des Prüfmediums auf die Einspritzrate wird in Kapitel 6.2 eingegangen)

tor B) beobachtet wurde, ansteigen oder gleichbleiben, was beim servogesteuerten Injektor (Injektor A1) zu sehen ist.

Das in Abbildung 5.13 dargestellte Verhalten des direktgesteuerten
Piezo-Injektors (Injektor B), dessen Einspritzmasse im oberen Temperaturbereich wieder abnimmt, lässt sich nach der Ratenanalyse wie folgt erklären.
Bis zu einer Erwärmung des Adapters auf 50 °C ist die Massenzunahme
durch die Spritzdauererhöhung stärker als die Massenabnahme durch die
Verringerung des Durchflusses. Mit weiterer Temperatursteigerung kehrt
sich dieses Verhältnis um. Die Massenabnahme durch die Durchflussverrin-
gerung dominiert und führt im Ergebnis zu einer Abnahme der Einspritzmasse.

Das Verhältnis der Anteile von Durchfluss- und Spritzdaueränderung des
direktgesteuerten Piezo-Injektors (Injektor B) ist außerdem vom Betriebspunkt und der sich dabei einstellenden Spritzdauer abhängig. Je länger die
Spritzdauer eines Einspritzvorgangs ist, desto stärker beeinflusst die Durchflussänderung das Massenergebnis. Das Ergebnis für die Massenänderung
über der Temperatur ist also offensichtlich von mehreren Faktoren abhängig.

Es konnte gezeigt werden, dass das Mexus 2.0 die Einspritzmassen unabhängig von der Temperatur korrekt bestimmt. Die sich ergebene Einspritzmasse
ändert sich jedoch zum Teil sehr stark mit den am Injektor und in der Messkammer bestimmten Temperaturen, besonders im Minimalmassenbereich.
Werden Messungen bei unterschiedlichen Temperaturrandbedingungen
durchgeführt, erhält man Ergebnisse die unter Umständen falsch interpretiert
werden können, wenn die Temperatureinflüsse nicht berücksichtigt oder
nicht korrekt erfasst werden. Der Fehler kann, abhängig vom Injektortyp und
Betriebsbereich für Minimalmassen sogar bis zu 50 % betragen. Eine nachträgliche Korrektur der Einspritzrate ist nicht realisierbar, da der Tempera-
tureinfluss injektorspezifisch ausgeprägt ist und von vielen Faktoren wie zum
Beispiel der Spritzdauer, dem Temperaturniveau und dem Ansteuerkonzept
abhängt. Deshalb ist es besonders wichtig bei Einspritzraten- und Einspritz-
massenmessungen auf vergleichbare Temperaturrandbedingungen zu achten.
Zu diesem Zweck wurde ein neuer Injektoradapter entwickelt, der mit einer
Flüssigkeit durchströmt und dadurch konditioniert werden kann.

In Abbildung 5.17 ist der Adapter zur Injektorkonditionierung dargestellt.
Um Unterschiede zum realen Motor gering zu halten, wurde der Zylinder-
kopf als Vorbild für die Konstruktion verwendet. Mit diesem Adapter ist es

möglich den Injektor auf verschiedene Temperaturen zu konditionieren und diese über den Zeitraum der Messung konstant zu halten. Dadurch kann die Reproduzierbarkeit der Messungen verbessert werden. Außerdem bietet sich die Möglichkeit den Adapter in einem weiten Temperaturbereich zu kühlen oder zu heizen und so zum Beispiel eine Kaltstartuntersuchung durchzuführen.

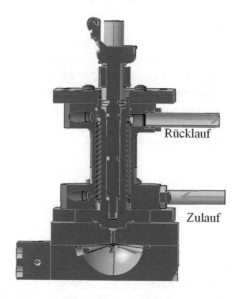

Abbildung 5.17: Adapter zur Fixierung des Injektors auf dem Mexus 2.0 mit Konditionierung über ein umlaufendes Medium

Durch die Konditionierung des Adapters können die Temperaturen am Adapter und in der Messkammer in bestimmten Grenzen, die vom Betriebspunkt abhängen, beeinflusst werden. Um Messungen bei konstanten Temperaturrandbedingungen durchzuführen, ist je nach Betriebspunkt die Temperatur an der Konditioniereinheit einzustellen, die zu den gewünschten Temperaturen am Adapter und in der Messkammer führt. Je höher der Massendurchsatz durch das Einspritzsystem ist, desto stärker erwärmt es sich. Bei der Messung von kleinen Einspritzmassenströmen ist deshalb eine höhere Temperatur für die Konditionierung vorzugeben, als bei hohen Massenströmen. Zusätzlich hat die Druckregelung einen Einfluss, da mit DRV-Regelung eine

größere Masse auf Hochdruck verdichtet wird und das System dadurch stärker erwärmt wird als bei ZME-Regelung. In der Praxis hat sich herausgestellt, dass eine Temperatur von 60 °C am Adapter für alle Betriebspunkte
einstellbar ist, somit wird diese Temperatur als Standard für zukünftige Messungen verwendet. Durch die zusätzliche Konditionierung der Mexuskammer, können die Temperaturrandbedingungen weiter optimiert werden.

Für Otto-Systeme ist aufgrund niedriger Einspritzdrücke der Wärmeintrag in
das System deutlich niedriger. Folglich treten geringere Temperaturunterschiede nach längerer Betriebsdauer auf. Bei den Untersuchungen mit dem
Dieselsystem wurde jedoch festgestellt, dass schon geringe Temperaturänderungen zu hohen Massenunterschieden führen können und Einfluss auf die
Einspritzrate haben. Aus diesem Grund wird auch für das Otto-Labor zukünftig ein Adapter mit Konditionierung für den Injektor eingesetzt um die
Messqualität zu verbessern.

5.3   Einfluss des Gegendrucks im Messgerät

Der Durchfluss durch eine Einspritzdüse ist abhängig von der dort anliegenden Druckdifferenz zwischen Raildruck und Gegendruck. Im Zylinder des
Motors stellt sich je nach Betriebspunkt ein wechselnder Gegendruck ein, der
den Einspritzmassenstrom beeinflusst. Dies wird bei den Untersuchungen im
Labor durch die Vorgabe eines Gegendrucks in der Messkammer des Mexus
2.0 nachgestellt. Nach Gleichung 4.4 berechnet sich der Einspritzmassenstrom aus dem Gegendruckverlauf in der Mexuskammer und dem ermittelten
Massenstrom des Coriolis-Massendurchflussmessers (CMD-Messer). Der
Gegendruck ist damit eine entscheidende Größe, sowohl für den sich einstellenden Massenstromverlauf, wie auch dessen Bestimmung durch das Messgerät.

Um den Einfluss des Gegendrucks auf die Qualität der Messergebnisse bewerten zu können, wurden verschiedene Injektoren über deren gesamten
Raildruckbereich, bei Variation des Gegendrucks, vermessen. Die Untersuchungen erfolgten mit Otto- und Dieselsystemen, da hier sowohl die verwendeten Raildrücke als auch der Einstellbereich für den Gegendruck stark voneinander abweichen. Um einen Abgleich der Ergebnisse zur Waage zu ermöglichen, wurden für jeden Betriebspunkt 1000 Einspritzzyklen vermessen.

Es erfolgte eine ständige Überwachung der Temperaturen in der Messkammer und eine Stabilisierung mittels der Injektorkonditionierung.

Tabelle 5.1:   Versuchsmatrix Dieselsystem

	Injektor A2	Injektor B
Steuerung	Piezo servogesteuert	Piezo direktgesteuert
Raildruck	600- 3000 bar	600-2000 bar
Gegendruck	5-60 bar	
Ansteuerdauer	800 µs	1160 µs

Tabelle 5.2:   Versuchsmatrix Ottosystem

	Injektor C	Injektor D
Steuerung	Piezo direktgesteuert	Magnet direktgesteuert
Raildruck	50-200 bar	
Gegendruck	5-25 bar	
Ansteuerdauer	3000 µs	4650 µs

Für die Dieseluntersuchungen kamen ein servogesteuerter Piezo-Injektor (Injektor A2) und ein direktgesteuerter Injektor (Injektor B) zum Einsatz. Der Gegendruck variierte in einem Bereich von 5 bis 60 bar. Die Ansteuerdauern wurden so gewählt, dass Injektor A2 bei maximalem Raildruck und Gegendruck eine Volllastmasse von 100 mg einspritzt. Injektor B ist so angesteuert worden, dass bei 600 bar Raildruck und 60 bar Gegendruck die Einspritzmasse identisch zu Injektor A2 ist. Die Daten sind in Tabelle 5.1 zusammengefasst.

Die Versuchsmatrix für die Messungen mit dem Ottosystem ist in Tabelle 5.2 dargestellt. Beide Injektoren (Injektor C und Injektor D) wurden bei Raildrücken von 50 bis 200 bar und einem Gegendruck zwischen 5 und 25 bar untersucht. Die Ansteuerdauern wurden analog zu den Dieseluntersuchungen so festgelegt, dass bei maximalem Raildruck eine Volllastmasse erreicht wird und bei 50 bar Raildruck und 8 bar Gegendruck die gleiche Einspritzmasse injiziert wird.

5.3.1 Ergebnisse Dieselsystem

Die Ergebnisse der Einspritzmassenmessung des servogesteuerten Piezo-Injektors (Injektor A2) bei Variation von Raildruck und Gegendruck sind in Abbildung 5.18 zu sehen.

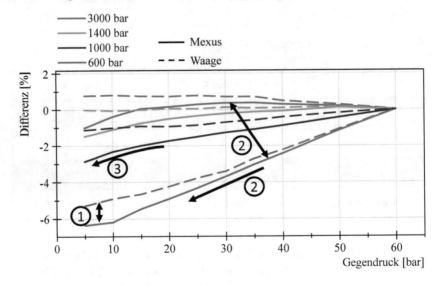

Abbildung 5.18: Prozentuale Differenz der Einspritzmasse des servogesteuerten Piezo-Injektors bei Variation des Gegendrucks

Dargestellt ist die prozentuale Abweichung der gemessenen Einspritzmasse des Mexus 2.0 und der Waage vom deren gemessenen Ausgangswert bei 60 bar Gegendruck. Die Abweichung ist aufgetragen über den Gegendruck in der Messkammer.

Es lassen sich in den Ergebnissen drei Auffälligkeiten in der Gegendruckabhängigkeit der Einspritzmasse feststellen.

- Mit Abnahme des Gegendrucks tritt eine zunehmende Abweichung zwischen den Messergebnissen des Mexus 2.0 und der Waage auf (*Effekt 1*).

- Die Einspritzmasse nimmt, entgegen der Theorie, bei Raildrücken unter 1400 bar mit sinkendem Gegendruck ab. Im Bereich von Raildrücken über 1400 bar ist hingegen ein Anstieg der Einspritzmasse mit fallendem Gegendruck zu beobachten (*Effekt 2*).

- Bei niedrigen Gegendrücken ist ein starker Abfall der durch das Mexus 2.0 ermittelten Einspritzmassen zu beobachten. Dieser spiegelt sich nicht in den Waagemessungen wieder (*Effekt 3*).

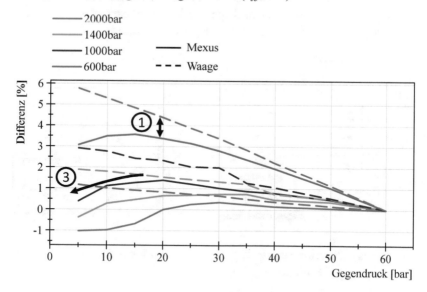

Abbildung 5.19: Prozentuale Differenz der Einspritzmasse des direktgesteuerten Piezo-Injektors bei Variation des Gegendrucks

Betrachtet man die Ergebnisse von Injektor B, die in Abbildung 5.19 in gleicher Weise dargestellt sind, erkennt man, dass hier zwei der bereits beschriebenen Phänomene auftreten. Es ist sowohl der Unterschied zwischen Waage und Mexus Ergebnis bei fallendem Gegendruck (*Effekt 1*), als auch der sehr starke Abfall der durch das Mexus gemessenen Menge bei sehr niedrigen Gegendrücken (*Effekt 3*) zu sehen. Im Gegensatz zu Injektor B steigt bei fallendem Gegendruck für alle Raildrücke die Einspritzmenge an.

Effekt 1

Die Mexus 2.0 Messungen für Dieselsysteme finden üblicherweise bei 60 bar Gegendruck statt. Deshalb wird auch die Kalibrierung des Messgerätes im Standardmessprozess bei diesem Gegendruck durchgeführt. In Abbildung 5.20 ist im rechten Diagramm die Gegendruckvariation eines Betriebspunktes mit 800 bar Raildruck für ein auf 60 bar kalibriertes Mexus 2.0 dargestellt. Mit fallendem Gegendruck weichen die Ergebnisse von Waage und Mexus, wie bereits beobachtet wurde, zunehmend voneinander ab. Kalibriert man das Mexus 2.0 bei einem Gegendruck von 20 bar, erhält man das in Abbildung 5.20 im linken Diagramm dargestellte Ergebnis.

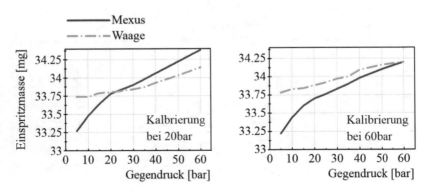

Abbildung 5.20: Einspritzmasse gemessen mit Mexus 2.0 und Waage bei Variation des Gegendrucks

Die Massenergebnisse von Mexus 2.0 und Waage stimmen bei 20 bar Gegendruck überein, jedoch nicht bei niedrigeren oder höheren Gegendrücken. Je stärker der Gegendruck vom Kalibrierzustand abweicht, desto stärker weichen das Ergebnis von Waage und Mexus voneinander ab. Die Kalibrierung ist demnach nur für den dort gewählten Gegendruck gültig.

Durch die Kalibrierung des Messgerätes wird eine Korrektur der Mexus 2.0 Ergebnisse, um die Abweichung zu einem gleichzeitig mit der Messwaage ermittelten Wert, durchgeführt. Hierzu werden verschiedene Betriebspunkte vermessen, deren Einspritzmassen und Raildrücke über den relevanten Messbereich verteilt sind. Anschließend wird eine lineare Korrekturfunktion mit der Methode der kleinsten Fehlerquadrate ermittelt. Hierdurch werden systematische Fehler des Mexusalgorithmus korrigiert. Diese sind von der Einspritzfrequenz abhängig, sodass das Mexus 2.0 in drei Frequenzbereichen zu kalibrieren ist (5 - 15 Hz; 15 - 40 Hz; 40 - 60Hz). Die Gegendruckvariation zeigt, dass der systematische Fehler auch vom Gegendruck in der Messkammer beeinflusst wird. Die Ursache dieses Fehlers wird deutlich, wenn man den Berechnungsalgorithmus des Mexus 2.0 analysiert.

Die Berechnung des Einspritzmassenstroms setzt sich aus der Zunahme der Masse in der Einspritzkammer und dem ausfließenden Massenstrom zusammen. Es wird die Annahme getroffen, dass die Terme V/a^2 und $A * c_v * \sqrt{2\rho}$ über der Einspritzdauer konstant sind und daher als Konstanten C_1 und C_2 bestimmt werden können. [Loc12/1][Loc12/2]

$$\dot{m}_I = \underbrace{\frac{V}{a^2}}_{C_1} * \frac{dp}{dt} + \underbrace{A * c_v * \sqrt{2\rho}}_{C_2} * \sqrt{\Delta p} \qquad \text{Gl. 4.4}$$

Das Volumen V der Einspritzkammer verändert sich während einer Messung vernachlässigbar gering und kann als konstant angenommen werden. Der Austrittsquerschnitt A ist während des Einspritzvorgangs ebenfalls konstant, da die Position der Nadel über die gesamte Messdauer fixiert ist. Die Schallgeschwindigkeit a und die Dichte ρ verändern sich über Temperatur und Druck (siehe Kapitel 3.3). Die mittlere Temperaturänderung in der Messkammer ist über den Zeitraum einer Einspritzung so gering, dass deren Einfluss vernachlässigt werden kann[2]. Die Druckänderung beträgt durch eine Einspritzung bis zu 80 bar. Dies bedeutet nach der Approximationsgleichung von DRUMM (Gleichung 3.20) eine Zunahme der Schallgeschwindigkeit um 42 m/s (3,5 %). Die Änderung der Schallgeschwindigkeit verhält sich in diesem Bereich annähernd linear. Infolge dessen wird durch die Verwendung

---

[2] Lokale Druck- und Temperaturunterschiede in der Messkammer können hier nicht berücksichtigt werden. Zur Untersuchung dieser Einflüsse ist eine 3-D Simulation der Messkammer erforderlich.

eines Mittelwertes in der Massenstromberechnung, die Einspritzrate zu Beginn zu niedrig und in der Nähe des Spritzendes zu hoch bestimmt. In der Integration zur Einspritzmassenberechnung gleicht sich dies im Massenergebnis wieder aus. Dieses Verhalten ergibt sich auch bei Betrachtung der Dichte, die bei einer Druckzunahme von 80 bar um 5 kg/m³ (0,6 %) ansteigt und sich dabei ebenfalls annähernd linear verhält. Die Einspritzrate wird dadurch in der ersten Hälfte der Einspritzung zu hoch und in der zweiten Hälfte zu gering berechnet. Teilweise gleichen sich die Einflüsse durch die Änderung der Schallgeschwindigkeit und Dichte gegenseitig aus. Insgesamt bleibt festzuhalten, dass der Einspritzratenverlauf durch die im Algorithmus verwendete Mittelwertbildung, von dem realen Verlauf abweicht. Der Fehler im Massenergebnis ist jedoch gering.

Für die Bestimmung von C_2 wird im Algorithmus davon ausgegangen, dass der Durchflussbeiwert c_v für den ausfließenden Massenstrom aus der Prüfkammer über den Zeitraum der Einspritzung konstant ist. Dies setzt voraus, dass sich die Randbedingungen der Strömung nicht verändern. Für die Geometrie und die Strömungsquerschnitte trifft dies aufgrund der festen Nadelposition am Auslass zu. Nicht berücksichtigt wird jedoch, wie sich unterschiedliche Druckdifferenzen zwischen Kammer und Auslassleitung auswirken. In Kombination mit der komplizierten Geometrie des Auslassventils ist davon auszugehen, dass sich die Strömung (zum Beispiel Geschwindigkeit und Turbulenzen) während eines Einspritzvorgangs aufgrund der Druckzunahme in der Kammer verändert. Dies wirkt sich auf die Reibung und die realen Strömungsquerschnitte aus und führt zu einem über der Einspritzung variablen Durchflussbeiwert. Durch die lineare Korrekturfunktion, die sich aus der Kalibrierung ergibt, kann der daraus entstehende Fehler in der Massenbestimmung berichtigt werden. Die Korrekturfunktion ist abhängig von der Einspritzfrequenz und –masse und berücksichtigt dadurch die Abhängigkeit des Durchflussbeiwertes vom Massenstrom und dem Gegendruckanstieg während einer Einspritzung. Unberücksichtigt bleibt das unterschiedliche Gegendruckniveau in der Kammer, weshalb das Ergebnis nur stimmt, wenn die Kalibrierung bei dem Gegendruck durchgeführt wird, bei dem auch die Messungen erfolgen sollen.

Der Fehler im Einspritzratenverlauf kann durch die Kalibrierung nicht korrigiert werden. Um den Einfluss eines variablen Durchflussbeiwertes auf den berechneten Ratenverlauf zu untersuchen ist eine detaillierte Analyse der

Strömungsvorgänge am Auslassventil notwendig. Dies kann nur mit Hilfe einer Simulation erfolgen.

Effekt 2

Eine Abnahme der Einspritzmasse bei Verringerung des Gegendrucks ist nur mit dem servogesteuerten Piezo-Injektor (Injektor A2) zu beobachten. Es handelt sich daher um ein injektorspezifisches Phänomen.

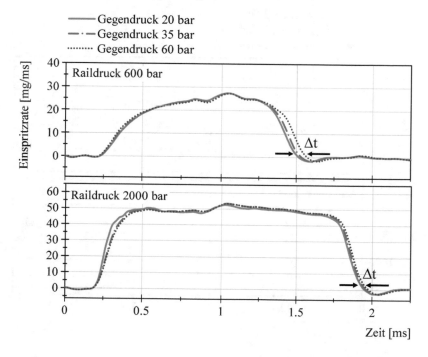

Abbildung 5.21: Einspritzratenverläufe des servogesteuerten Piezo-Injektors (Injektor A2) bei Variation des Gegendrucks

Die Einspritzratenverläufe, die Abbildung 5.21 dargestellt sind, zeigen, dass bei Abnahme des Gegendrucks das Spritzende früher eintritt. Bei 600 bar Raildruck ergibt sich mit 40 bar Gegendruckdifferenz ein Spritzdauerunterschied von 60 µs. Steigt der Raildruck an, nimmt die Differenz der Spritzdauer, bei gleicher Gegendruckdifferenz, ab und beträgt bei 2000 bar nur

noch 20 µs. Die verringerte Einspritzmasse resultiert folglich aus einer ver-
kürzten Spritzdauer des Injektors bei niedrigen Gegendrücken, insbesondere
bei niedrigen Raildrücken.

In Abbildung 5.22 sind die Leitungsdruckverläufe zu den gezeigten Einspritzratenverläufen dargestellt. Die Unterschiede in der Spritzdauer sind hier
ebenfalls zu erkennen. Somit kann ein Messfehler des Mexus 2.0 ausgeschlossen werden.

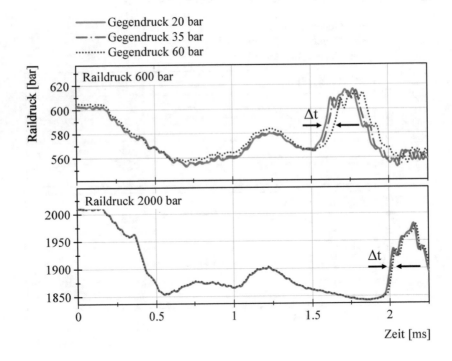

Abbildung 5.22: Druckverlauf des servogesteuerten Piezo-Injektors (Injektor A2) bei Variation des Gegendrucks

Das Schließverhalten des servogesteuerten Piezo-Injektors (Injektor A2) ist
abhängig vom Gegendruck. Dies bestätigt sich bei der Betrachtung der Kräfte an der Injektornadel. Die Kräfte, die dort wirken sind schematisch in Abbildung 5.23 dargestellt. Es ergibt sich folgendes Kräftegleichgewicht:

$$p_{Gegendruck}A_1 + p_{Rail}A_2 = F_{Feder} + p_{Steuerraum}A_3 \qquad \text{Gl. 5.4}$$

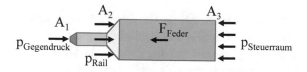

Abbildung 5.23: Kräfte an der Injektornadel des servogesteuerten Pie-zo-Injektors (Injektor A2)

Die Federkraft ist im Vergleich zu den Druckkräften vernachlässigbar gering. Sie dient lediglich dazu, die Nadel im drucklosen Zustand in ihrem Sitz zu halten und wird daher in der folgenden Betrachtung nicht berücksichtigt. Wird der Injektor angesteuert, fällt der Druck im Steuerraum auf den Druck in der Rücklaufleitung ab und es gilt $p_{Rail} \gg p_{Steuerraum}$. Daraus folgt, dass die Nadel mit der Kraft

$$F_{öffnen} \approx p_{Gegendruck}A_1 + p_{Rail}A_2 \qquad \text{Gl. 5.5}$$

aus dem Sitz gedrückt wird. Da $A_1 \ll A_2$ und $p_{Gegendruck} \ll p_{Rail}$ bestimmt der Raildruck maßgeblich das Öffnungsverhalten des Injektors. Für den Schließvorgang wird der Druck im Steuerraum bis auf den Raildruck ange-hoben ($p_{Steuerraum} = p_{Rail}$), sodass für die Schließkraft gilt

$$\begin{aligned} F_{Schließen} &\approx p_{Rail}(A_3 - A_2) - p_{Gegendruck}A_1 \\ &= (p_{Rail} - p_{Gegendruck})A_1 \end{aligned} \qquad \text{Gl. 5.6}$$

Die Gleichung verdeutlicht, dass der Gegendruck den Schließvorgang des Injektors besonders bei niedrigen Raildrücken beeinflusst und ein niedriger Gegendruck die Nadel mit größerer Kraft in den Sitz drückt. Die geringeren Einspritzmassen bei niedrigen Gegendrücken sind damit auf die Funktions-weise des Injektors zurückzuführen. Bei steigenden Raildrücken werden die Differenzen im Schließverhalten des Injektors bei Absenkung des Gegen-drucks geringer. Die daraus resultierende Massenabnahme ist geringer, als die durch die steigende Druckdifferenz hervorgerufene Massenzunahme. Aus diesem Grund ist bei hohen Raildrücken ein leichtes Ansteigen der Einspritzmasse bei Verringerung des Gegendrucks für den servogesteuerten Piezo-Injektor (Injektor A2) zu beobachten.

Der direktgesteuerte Piezo-Injektor (Injektor B) weist keine Abhängigkeit vom Gegendruck im Öffnungs- und Schließverhalten auf. Die Einspritzmasse ergibt sich bei gleichem Raildruck ausschließlich aus der durch die Druckdifferenz hervorgerufenen Durchflussrate. Ein steigender Raildruck verzögert jedoch das Öffnen der Nadel und unterstützt den Schließvorgang, sodass die Spritzdauer mit steigendem Raildruck bei gleicher Ansteuerdauer abnimmt. Das Verhalten der Einspritzratenverläufe in Abhängigkeit von Raildruck und Gegendruck ist in Abbildung 5.24 zu sehen.

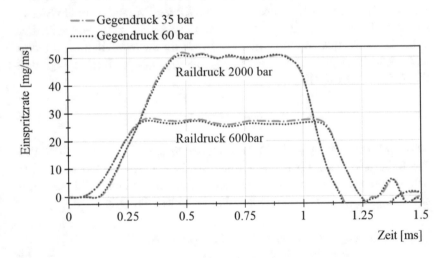

Abbildung 5.24: Einspritzratenverläufe des direktgesteuerten Piezo-Injektors (Injektor B) bei Variation des Gegendrucks

Effekt 3

Für beide Diesel-Injektoren ist bei niedrigen Gegendrücken ein starker Abfall der durch das Mexus 2.0 bestimmten Einspritzmasse festzustellen, der sich nicht in den Waagemessungen wiederspiegelt. In Abbildung 5.25 sind die Einspritzratenverläufe bei verschiedenen Raildrücken und Gegendrücken für des servogesteuerten (Injektor A2) und direktgesteuerten (Injektor B) Piezo-Injektor dargestellt.

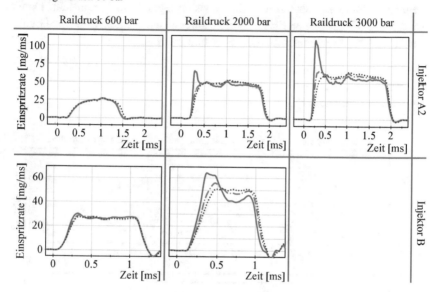

Abbildung 5.25: Einspritzraten bei verschiedenen Raildrücken und Gegendrücken

Es ist zu erkennen, dass bei niedrigen Gegendrücken eine Überhöhung zu
Beginn des Ratenverlaufs auftritt. Dieser Effekt ist umso stärker, je höher der
Raildruck und je niedriger der Gegendruck ist. Es zeigt sich, dass das Verhalten bei den beiden Injektoren unterschiedlich stark ausgeprägt ist. Während
bei 600 bar Raildruck für alle Gegendrücke mit dem servo-gesteuerten Piezo-
Injektor (Injektor A2) keine Auffälligkeit im Ratenverlauf zu erkennen ist, ist
beim direktgesteuerten Piezo-Injektor (Injektor B) bereits für Gegendrücke
von 20 bar und 10 bar eine leichte Überhöhung zu Beginn der Einspritzrate
zu sehen. Im weiteren Ratenverlauf zeigt sich, nach dem Auftreten der Überhöhung, ein geringerer Durchfluss.

Bei beiden Injektoren verschiebt sich das Spritzende durch einen niedrigeren
Gegendruck nach vorne. Im vorangegangen Abschnitt zu Effekt 2 wurde
beschrieben, dass die Ursache für die Verschiebung des Spritzendes beim

servogesteuerten Piezo-Injektor (Injektor A2) das Kräftegleichgewicht an der Injektornadel ist. Für den direktgesteuerten Piezo-Injektor wurde jedoch keine Abhängigkeit der Öffnungsdauer vom Gegendruck festgestellt. Daher wird die Spritzdauer der Einspritzraten anhand der aufgezeichneten Druckverläufe in der Leitung vor dem Injektor überprüft.

———— Gegendruck 10 bar

—·— Gegendruck 20 bar

······· Gegendruck 60 bar

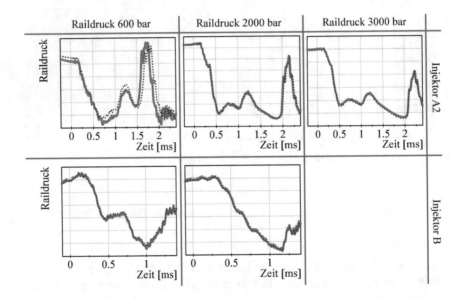

Abbildung 5.26: Druckverläufe in der Hochdruckleitung bei verschiedenen Raildrücken und Gegendrücken

In Abbildung 5.26 sind die Druckverläufe in der Hochdruckleitung zu den gezeigten Ratenverläufen dargestellt. Der Druckabfall durch den Einspritzvorgang ist für alle Gegendrücke identisch. Der im Ratenverlauf beobachtete Peak zu Einspritzbeginn bei 10 bar Gegendruck, müsste jedoch zu einem stärkeren Druckabfall führen und im Druckverlauf zu erkennen sein. Die Druckverläufe des direktgesteuerten Injektors (Injektor B) zeigen, im Gegensatz zum Einspritzratenverlauf, keine Spritzdauerunterschiede. Daraus folgt, dass der berechnete Einspritzmassenstrom bei niedrigen Gegendrücken nicht dem real eingespritzten Massenstrom entspricht. Somit ist auch die aus der Integration bestimmte Einspritzmasse nicht korrekt.

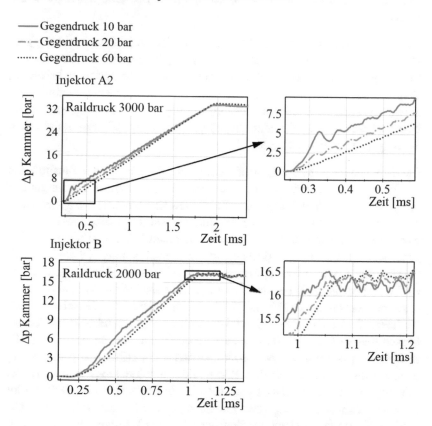

Abbildung 5.27: Druckanstieg in der Mexuskammer bei verschiedenen Gegendrücken

Die Einspritzrate wird maßgeblich aus dem Gegendruckanstieg in der Messkammer errechnet. Abbildung 5.27 zeigt den Druckverlauf in der Kammer bei den maximalen Raildrücken für die beiden Injektoren und den Gegendrücken 10, 20 und 60 bar. Zur besseren Vergleichbarkeit sind alle Kurven auf 0 bar skaliert worden, sodass der Differenzdruck in der Kammer dargestellt ist. Für den servogesteuerten Piezo-Injektor (Injektor A2) zeigt sich bei niedrigen Gegendrücken (10 bar und 20 bar) zu Beginn eine Drucküberhöhung mit einer abklingenden Druckwelle. Die Periodendauer der Schwingung ist unabhängig von der Amplitude und dem Raildruck. Sie entspricht der Laufzeit des Weges vom Drucksensor in der Messkammer zur Injektorspitze und zurück.

Der Gegendruckverlauf des direktgesteuerten Piezo-Injektors (Injektor B) bei 10 bar Gegendruck weist zu Beginn der Einspritzung eine starke Steigung auf, die im weiteren Verlauf abflacht. Zum Ende der Einspritzung bricht der Gegendruck ein und es folgt eine Schwingung mit der gleichen Periodendauer wie bei Injektor A2 während der Einspritzung. Bei einem Gegendruck von 20 bar ist der Gegendruckverlauf noch leicht überhöht und zeigt die gleichen Schwingungen zum Spritzende.

Die Drucküberhöhung im Gegendruckverlauf, die sich in der Einspritzrate als Überhöhung zu Spritzbeginn äußert, und die auftretenden Schwingungen im Gegendruckverlauf deuten darauf hin, dass Kavitation in die Mexuskammer eintritt. WALTHER hat in seinen Untersuchungen gezeigt, dass sich die wandnahen Kavitationsfilme bei hohen Einspritzdrücken und niedrigen Gegendrücken bis zum Spritzlochaustritt ausbreiten können [Wal02]. Auch CHAVES ET AL. und BADOCK, die den Einfluss der Kavitation auf den Strahlzerfall thematisieren, haben das Vordringen der Kavitation bis in den Brennraum beobachtet [Bad99] [Cha95]. Dort implodieren die Gasblasen nach Verlassen des Spritzloches aufgrund des hohen Brennraumdrucks und beeinflussen den Strahlzerfall. Im Gegensatz zum Brennraum, in dem der Kraftstoff in ein gasförmiges Medium eingespritzt wird, erfolgt die Einspritzung beim Mexus 2.0 in die mit dem Prüfmedium gefüllte Messkammer. Bildet sich aufgrund des niedrigen Gegendrucks in der Kammer ein Kavitationsfilm bis zum Düsenaustritt aus, treten Gasblasen in die Messkammer ein. Während der Einspritzung steigt der Gegendruck in der Kammer an und kann so die Kavitationsgebiete in die Düse zurück drängen. Ist der Gegendruck zu Beginn der Einspritzung schon hoch genug, erreichen die Kavitationsgebiete den Düsenaustritt nicht.

Abbildung 5.28 zeigt schematisch die Ausbildung der Kavitation bei hohem und niedrigem Gegendruck. Die Gasblasen, die in die Messkammer eindringen, haben eine geringe Dichte und führen durch ihr hohes Volumen zu einem verstärkten Gegendruckanstieg. Dieser Gegendruckanstieg wird durch den Mexusalgorithmus als Einspritzmassenstrom interpretiert. Daher tritt zu Beginn der Einspritzung im Einspritzratenverlauf eine starke Überhöhung auf.

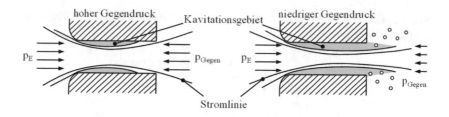

Abbildung 5.28: Kavitierende Düsenbohrung bei hohem Gegendruck (*links*) und niedrigem Gegendruck (*rechts*) [Lam14]

Die Massenzunahme in der Mexuskammer kann abgeleitet aus dem Hooke'schen Gesetz zu

$$\dot{m} = \frac{V}{a^2} \frac{\bar{\rho}_{Kammermedium}}{\rho_{Kraftstoff}} \frac{dp}{dt} \qquad \text{Gl. 5.7}$$

bestimmt werden. Der Berechnungsalgorithmus des Mexus 2.0. basiert auf der Annahme, dass die Messkammer komplett mit dem Prüfmedium gefüllt und die mittlere Dichte des Kammermediums gleich der Dichte des injizierten Prüfmediums ist.

Daher folgt vereinfacht für die Massenzunahme:

$$\dot{m} = \frac{V}{a^2} \frac{dp}{dt} \qquad \text{Gl. 5.8}$$

Wird durch Kavitation Gas in die Kammer eingebracht, unterscheidet sich die mittlere Dichte in der Kammer von der des eingebrachten Kraftstoffs. Die Annahme des Berechnungsalgorithmus ist nicht mehr erfüllt und damit ist die Massenbestimmung fehlerhaft. Zusätzlich verändern sich die Schallgeschwindigkeit und die Dichte durch die gasförmigen Anteile in der Kammer, wodurch die Bestimmung der Konstanten C_1 und C_2 aus Gleichung 4.4 als Mittelwert nicht mehr zulässig ist.

Die Schwingungen, die sich im Gegendruckverlauf für den servogesteuerten Piezo-Injektoren (Injektor A2) zu Beginn der Einspritzung zeigen, werden durch das Implodieren der Gasblasen in der Messkammer ausgelöst. Die dadurch entstehenden Druckwellen werden an der Kammerwand reflektiert,

sodass sich für die Periodendauer die Laufzeit für den doppelten Kammer-
durchmesser ergibt.

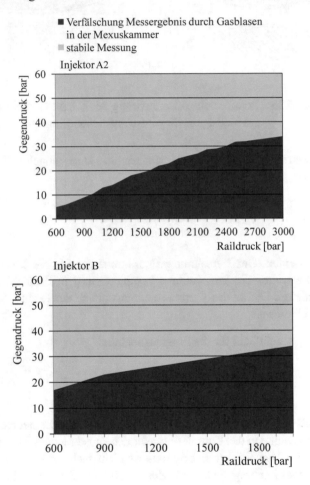

Abbildung 5.29: Zulässiger Gegendruck für die untersuchten Diesel-
Injektoren in Abhängigkeit vom Raildruck

Der Gegendruckverlauf des direktgesteuerten Piezo-Injektors (Injektor B)
weist erst am Spritzende vermehrt Schwingungen auf. Diese Druckwellen
können durch das Schließen des Injektors und des damit verbundenen Auf-
treffens der Injektornadel im Düsensitz ausgelöst werden. Dafür spricht, dass

auch bei einem Gegendruck von 60 bar Schwingungen auf dem Drucksignal zu beobachten sind. Der Druckverlauf bei 10 bar Gegendruck zeigt jedoch ausgeprägter Schwingungen und einen deutlichen Druckabfall am Spritzende. Der Druckabfall entsteht durch das Zusammenfallen der Gasblasen und die damit einhergehende Volumenabnahme. Daher ist davon auszugehen, dass auch in einer späten Phase der Einspritzung noch Kavitation in die Kammer eindringt.

Zusammenfassend ist festzuhalten, dass der eingestellte Gegendruck Einfluss auf die Qualität der Messergebnisse hat und daher bestimmte Randbedingungen für eine Messung einzuhalten sind. Es hat sich gezeigt, dass ein systematischer Fehler bei der Bestimmung von C_2 aufgrund der gegendruckabhängigen Ausflusscharakteristik aus der Messkammer auftritt. Für eine korrekte Massenbestimmung ist das Mexus 2.0 daher bei dem Gegendruck zu kalibrieren, bei dem auch die Messung durchgeführt werden soll. Bei hohen Raildrücken und niedrigen Gegendrücken neigen die untersuchten Injektoren zu Kavitation, die bis in die Mexuskammer vordringt. Die Gasblasen in der Kammer führen dazu, dass Druckanstieg und Einspritzmassenstrom nicht mehr korrelieren und der Berechnungsalgorithmus keine Gültigkeit mehr hat. Deshalb ist der Gegendruck immer so hoch zu wählen, dass keine Kavitation in der Mexuskammer auftritt. Abbildung 5.29 zeigt in Abhängigkeit vom Raildruck, welcher Gegendruck für die untersuchten Injektoren eingestellt werden muss, um verlässliche Messergebnisse zu erzielen. Bei Vermessung anderer Injektortypen ist der minimal zulässige Gegendruck durch eine Raten- und Gegendruckverlaufsanalyse neu zu bestimmen.

5.3.2 Ergebnisse Ottosystem

Die prozentualen Abweichungen der Einspritzmasse bei Variation des Gegendrucks für den direktgesteuerten Piezo-Injektor (Injektor C) ist in Abbildung 5.30 dargestellt. Die Einspritzmasse wurde parallel mit dem Mexus 2.0 und der Waage bestimmt. Basis für die Differenzbildung ist jeweils die Messung mit 8 bar Gegendruck. Aus Gründen der Übersichtlichkeit sind hier nur die Raildrücke 100 bar und 200 bar abgebildet.

Das Ergebnis des direktgesteuerten Piezo-Injektors (Injektor C) zeigt das erwartete Verhalten. Mit steigendem Gegendruck nimmt die eingespritzte Masse ab, mit fallendem Gegendruck nimmt die Masse zu. Die Ergebnisse von Mexus 2.0 und Waage weichen bei Messungen mit einem Gegendruck, der sich vom Kalibrierdruck unterscheidet, voneinander ab. Dieses Verhalten wurde schon bei den Untersuchungen der Dieselsysteme festgestellt und lässt sich mit demselben Fehler im Berechnungsalgorithmus erklären (s. *Effekt 1*, Ergebnisse Dieselsystem).

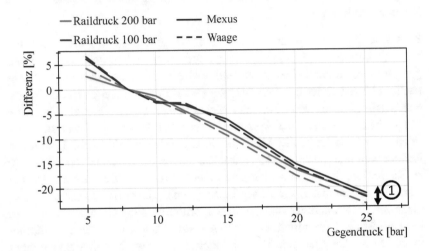

Abbildung 5.30: Prozentuale Differenz der Einspritzmasse des direktgesteuerten Piezo-Injektors (Injektor C) bei Variation des Gegendrucks

In Abbildung 5.31 sind die Einspritzraten des Injektors bei einem Raildruck von 200 bar und Gegendrücken von 5, 15 und 20 bar dargestellt. Es ist zu erkennen, dass der Öffnungs- und Schließzeitpunkt nicht durch den Gegendruck beeinflusst wird.

Auffällig ist, dass alle Ratenverläufe zu Beginn eine Überhöhung aufweisen. Bestimmt man die Fläche unter dieser Überhöhung ergibt sich daraus bei $p_{gegen} \geq 10\ bar$ unabhängig vom Gegendruck eine Masse von 0,6 mg. Ursache für diesen Ratenanstieg ist die nach außen öffnende Nadel des Injektors. Bei jedem Einspritzvorgang verringert sich dadurch zu Beginn das Kammervolumen, was durch das Mexus 2.0 als Einspritzmasse detektiert wird. Damit ist die resultierende Einspritzmasse um 0,6 mg zu hoch. Durch die Kalibrierung des Messgerätes kann mit der vorhandenen Offsetkorrektur dieser konstante Fehler korrigiert werden. Der sich ergebene Einspritzratenverlauf, ist jedoch fehlerhaft, da die Überhöhung zu Beginn keinem realen Einspritzmassenstrom entspricht. Bei Vermessungen von nach außen öffnenden Düsen ist dies in der Analyse der Ergebnisse zu berücksichtigen.

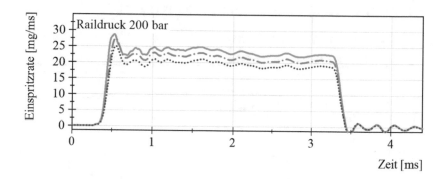

Abbildung 5.31: Einspritzratenverläufe des direktgesteuerten Piezo-Injektors (Injektor C)

Die Einspritzrate bei einem Gegendruck von 5 bar zeigt eine stärkere Ratenüberhöhung als die Einspritzraten bei höheren Gegendrücken und es sind vermehrt Schwingungen auf dem Ratensignal zu erkennen. Dies entspricht dem bei den Dieselinjektoren beobachteten Verhalten bei Auftreten von Kavitation (s. *Effekt 3*, Ergebnisse Dieselsystem).

Die Ergebnisse des direktgesteuerten Magnet-Injektors (Injektor D) zur prozentualen Abweichung der Einspritzmasse bei Variation des Gegendrucks sind in Abbildung 5.32 dargestellt. Bezugspunkt für die Berechnung der Differenz ist hier ebenfalls ein Gegendruck von 8 bar.

Der direktgesteuerte Magnet-Injektor (Injektor D) weist ebenfalls die Differenzen zwischen Mexus und Waage Ergebnis bei Einstellung von Gegendrücken, die vom Kalibrierdruck abweichen, auf (s. *Effekt 1*, Ergebnisse Dieselsystem). Im Bereich niedriger Gegendrücke fällt die, durch das Mexus 2.0 bestimmte Einspritzmasse deutlich im Vergleich zum Waageergebnis ab.

Dieses Phänomen ist bereits im Kapitel 5.3.1 als *Effekt 3* beschrieben worden. Dort wurde festgestellt, dass sich bei niedrigen Gegendrücken Kavitationsgebiete bis zum Düsenaustritt ausbilden und Gasblasen in die Messkammer eindringen. Die Einspritzmasse kann in diesem Fall mit dem Messgerät nicht mehr korrekt bestimmt werden. Zum einen trifft die Annahmen des Algorithmus von einem homogenen flüssigen Medium in der Kammer nicht mehr zu. Des Weiteren entstehen in der Kammer Druckwellen durch das Implodieren der Gasblasen. Der zur Berechnung der Einspritzrate verwendete Druckverlauf der Messkammer wird dadurch verfälscht.

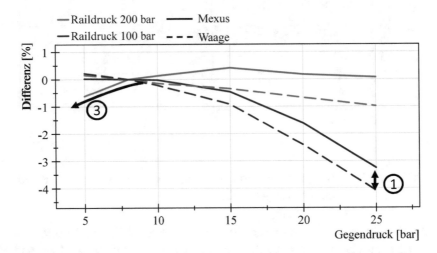

Abbildung 5.32: Prozentuale Differenz der Einspritzmasse des direktgesteuerten Magnet-Injektors (Injektor D) bei Variation des Gegendrucks

In Abbildung 5.33 sind die Einspritzratenverläufe für den direktgesteuerten Magnet-Injektor (Injektor D) bei einem Raildruck von 200 bar und verschiedenen Gegendrücken dargestellt. Der Ratenverlauf bei einem Gegendruck von 5 bar besitzt zu Beginn der Einspritzung eine leichte Ratenüberhöhung. Gleichzeitig sind vermehrt Schwingungen auf dem Ratensignal zu erkennen, im Vergleich zu den Ratenverläufen bei 15 bar und 25 bar Gegendruck. Aus der Analyse des Gegendruckverlaufs ergibt sich eine Frequenz von etwa 16 kHz für diese Druckschwingungen. Dies entspricht der Laufzeit einer Druckwelle beim Durchlaufen der Kammer. Das Verhalten entspricht damit dem, welches bei den Dieseluntersuchungen im Zusammenhang mit Kavitation beobachtet wurde. Die Annahme, dass in diesem Betriebspunkt Kavitation auftritt und Gasblasen in die Messkammer gelangen, wird dadurch bestätigt.

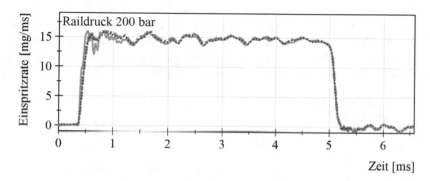

Abbildung 5.33: Einspritzratenverläufe des direktgesteuerten Magnet-Injektors (Injektor D)

Die Einspritzmassen des direktgesteuerten Magnet-Injektors (Injektor D) fallen bei einem Raildruck von 100 bar mit steigendem Gegendruck ab. Dies ergibt sich aus der Durchflussgleichung von BERNOULLI. Bei einem Raildruck von 200 bar ist dagegen nur eine geringe Massenänderung mit zunehmendem Gegendruck zu erkennen. BUSCH zeigte, dass bei kavitierenden Düse ein Absenken des Gegendrucks nicht zu einer weiteren Massensteigerung führt [Bus01]. Im Bereich des engsten Querschnitts bestimmt in diesem Fall immer der kritische Druck den wirksamen Gegendruck. Die geringen Veränderungen in der Einspritzmasse über dem Gegendruck bei 200 bar Raildruck sind ein weiterer Beweis dafür, dass der direktgesteuerte Magnet-Injektor (Injektor D) eine kavitierende Düse besitzt.

Eine weitere Bestätigung dafür, dass Kavitation bei niedrigen Gegendrücken in die Mexuskammer eindringt, liefern Untersuchungen mit verschiedenen Prüfmedien. Für Einspritzratenvermessungen im Otto-Labor wird Exxsol D40 als Prüfmedium eingesetzt. Mit den beiden untersuchten Injektoren für Ottomotoren (Injektor C und Injektor D) wurden zusätzlich Einspritzratenvermessungen mit dem Diesel-Ersatzkraftstoff Prüföl und dem Real-kraftstoff Super E10 durchgeführt. Abbildung 5.34 zeigt den Beginn der Einspritzratenverläufe der beiden Injektoren von Messungen mit den drei unterschiedlichen Medien. Der Raildruck der Messungen betrug 200 bar und der Gegendruck 5 bar. Mit dem direktgesteuerten Piezo-Injektor (Injektor C) ergibt sich im Ratenverlauf von Super E10 die größte Ratenüberhöhung, gefolgt von Exxsol D40 und Prüföl. In den Ergebnissen des direktgesteuerten Magnet-Injektors (Injektor D) sind keine Unterschiede in der Raten-überhöhung bei Verwendung unterschiedlicher Prüfmedien zu erkenne. Da-für sind die Ratenverläufe mit unterschiedlich stark ausgeprägten Schwin-gungen beaufschlagt. Die stärksten Schwingungen treten bei Einsatz von Super E10 auf, gefolgt von Exxsol D40 und Prüföl.

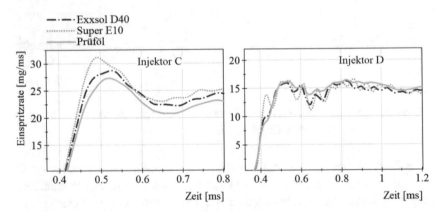

Abbildung 5.34: Einspritzraten von Injektor C und Injektor D bei Variation des Prüfmediums

Die verwendeten Prüfmedien unterscheiden sich in ihrem Dampfdruck und damit in ihrer Kavitationsneigung. Super E10 besitzt mit 700 bis 900 mbar bei 50 °C [Ges15/1] den höchsten Dampfdruck. Exxsol D40 hat einen Dampfdruck von 2,5 mbar bei 20 °C [Dai08] und Prüföl von 0,1 mbar bei 20 °C [Tre07][3]. Wenn der statische Druck in der Strömung unter den kriti-schen Druck, der dem Dampfdruck der Flüssigkeit entspricht, fällt, tritt Kavi-tation ein. Das bedeutet, dass bei einem Prüfmedium mit einem höheren

---

[3]Der Einfluss von Gaskavitation kann hier nicht berücksichtigt werden, da keine ausreichenden Daten zu den Gasen vorliegen, die in den jeweiligen Kraftstoffen gelöst sind.

Dampfdruck zuerst Kavitation entsteht. Das ist in dieser Untersuchung Super E10, gefolgt von Exxsol D40 und Prüföl. Der Zusammenhang zwischen den Auffälligkeiten im Einspritzratenverlauf und dem Dampfdruck des verwendeten Prüfmediums bestätigt die Annahme, dass Kavitation aus der Düse austritt und in die Messkammer des Mexus 2.0 gelangt. Auf die weiteren Unterschiede, die sich im Einspritzratenverlauf bei Verwendung unterschiedlicher Prüfmedien ergeben, wird in Kapitel 6.2 im Detail eingegangen.

Das Vordringen von Gasblasen aus der Einspritzdüse bis in das Messgerät wurde auch von TREMMEL festgestellt [Tre07]. Er bestimmte Einspritzraten mit einem Raildruck bis 1000 bar mit dem Injection Analyzer und verwendete dafür Prüföl und Benzin. Bei der Einspritzung mit Benzin stellte er eine deutliche Überhöhung zu Beginn der Einspritzrate fest. Mit Prüföl gab es keine Auffälligkeiten im Ratenverlauf. Während beim Mexus 2.0 durch das Auftreten von Gasblasen in der Messkammer die gemessenen Einspritzmassen niedriger sind als die real Masse, wurde mit dem Injection Analyzer bei Auftreten von Kavitation mehr Masse gemessen, als real eingespritzt wurde.

Insgesamt zeigen die Otto-Injektoren die gleichen Effekte bei Variation des Gegendrucks, die bereits in den Dieseluntersuchungen festgestellt wurden. Es entsteht ein Messfehler, wenn nicht bei dem Gegendruck gemessen wird, bei dem auch die Kalibrierung des Mexus 2.0 durchgeführt wurde. Das Phänomen, dass Kavitation bei niedrigem Gegendruck in die Messkammer gelangt, tritt ebenfalls bei den Otto-Injektoren auf und konnte hier durch eine Prüfmedienvariation bestätigt werden. Für das Erreichen einer hohen Messqualität sind daher die gleichen Randbedingungen wie beim Dieselsystem, hinsichtlich Kalibrierung und Vermeidung von Messungen bei zu niedrigen Gegendrücken, einzuhalten.

In Abbildung 5.35 sind die Betriebsbereiche für die untersuchten Injektoren (Injektor C und Injektor D) dargestellt, in denen die Einspritzmassen, bei Verwendung von Exxsol D40 als Prüfmedium, ohne Einflüsse von Kavitation in der Messkammer bestimmt werden können. Messungen bei Gegendrücken über 10 bar sind mit beiden Injektoren unkritisch. Bei Drücken unter 10 bar und einem Raildruck von 200 bar treten bei dem direktgesteuerten Piezo-Injektor (Injektor C) erste Gasblasen in die Mexuskammer ein. Mit dem direktgesteuerten Magnet-Injektor (Injektor D) gibt es ab 8 bar Gegendruck und einem Raildruck von 200 bar die ersten Auffälligkeiten in der Rate, die auf Gasblasen in der Kammer hinweisen. Unter einem Gegendruck von 5 bar sind nach Herstellerangaben generell keine Messungen möglich. Es ist zu beachten, dass zukünftig die Einspritzdrücke für Otto-Systeme weiter steigen werden und dadurch Kavitation in der Messkammer verstärkt auftreten kann.

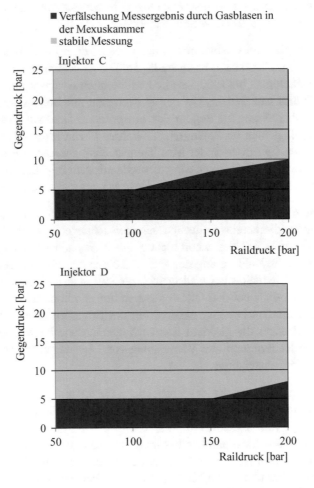

Abbildung 5.35: Zulässiger Gegendruck für die untersuchten Otto-Injektoren in Abhängigkeit vom Raildruck

6 Übertragbarkeit auf motorische Systeme

6.1 Vergleich von Labor und Einzylinder

Durch die hydraulische Vermessung von Injektoren in einem Einspritzlabor können verschiedene Injektortypen bewerten und untereinander verglichen werden. Diese Messungen sind Basis für Einzylinder- und Vollmotoruntersuchungen, die notwendig sind, um den Einfluss der Charakteristik des Kraftstoffsprays auf die Verbrennung und damit den Verbrauch und die Emissionen im Motor zu beurteilen. Ziel ist, durch qualitativ hochwertige Ergebnisse im Labor unter einzylinder- und motornahen Randbedingungen den späteren Entwicklungsaufwand zu minimieren.

Im folgenden Kapitel soll analysiert werden, in wie weit die Ergebnisse der hydraulischen Vermessung aus dem Einspritzlabor auf Vermessungen am Einzylinder übertragbar sind. Dazu werden für ein Dieseleinspritzsystem Vergleichsmessungen zwischen Einspritzlabor und Einzylinder durchgeführt.

In einer Versuchsreihe sind verschiedene Betriebspunkte mit demselben servogesteuerten Piezo-Injektor (Injektor A1) im Diesel-Hydrauliklabor und am Diesel-Einzylinderprüfstand vermessen worden. Die Einstellung von Drehzahl, Raildruck und Ansteuerzeiten erfolgte in beiden Fällen über ein Steuergerät mit derselben Software. Diese Werte und die sich daraus ergebenen Einspritzmassen sind in Tabelle 6.1 beschrieben. Zusätzlich ist der Ansteuerbeginn der einzelnen Teileinspritzungen bei Betriebspunkt sieben bis neun vorgegeben. Im Labor wurde, im Gegensatz zu den Standarduntersuchungen, nur ein Injektor angesteuert. Dadurch wird die Situation vom Einzylinder möglichst exakt nachgebildet und eine Beeinflussung aufgrund von Druckwellen im System durch andere Injektoren vermieden.

Die Bestimmung der Einspritzmassen im Hydrauliklabor erfolgte mit dem Mexus 2.0 als Mittelung über 50 Einspritzungen. Am Einzylinderprüfstand wird die Masse über einen Coriolis-Massendurchflussmesser (CMD-Messer) ermittelt. Daraus erhält man einen Durchschnittswert für die gesamte eingespritzte Masse eines Arbeitsspiels. Bei Mehrfacheinspritzungen müssen zusätzlich die Einzelmassen bestimmt werden. Dazu vermisst man zunächst die erste Voreinspritzung separat und ermittelt deren Masse. Der CMD-Messer ist bei der Bestimmung dieser kleinen Massen ungenau. Daher wird die Kraftstoffmasse aus dem λ des Abgases und der Frischluftmasse berechnet. Anschließend schaltet man die zweite Voreinspritzung dazu und bestimmt die Gesamtmasse wieder rechnerisch aus den Abgas- und Frischluftwerten. Die Masse der zweiten Voreinspritzung ergibt sich als Differenz zwischen der errechneten Gesamtmasse und der zuvor für die erste Voreinspritzung bestimmten Masse. Anschließend wird die Gesamtmasse aus beiden Teilein-spritzungen und der Haupteinspritzung mit dem CMD-Messer bestimmt. Die Haupteinspritzmasse ergibt sich aus Differenz der Gesamtmasse und der beiden Voreinspritzmassen.

Tabelle 6.1: Parameter der neun Betriebspunkte für den Vergleich zwischen Einspritzlabor und Einzylinderprüfstand für ein Dieselsystem

Betriebspunkt	Drehzahl	Raildruck	Ansteuerdauer			Masse (Labor)
			HE	VE1	VE2	
	rpm	bar	µs	µs	µs	mg
BP 1	2000	1800	754			60
BP 2	2000	1800	349			20
BP 3	2000	1800	184			5
BP 4	2000	1000	1080			60
BP 5	2000	1000	473			20
BP 6	2000	1000	247			5
BP 7	1600	750	300	172	105	10,8
BP 8	2000	1000	403	122	110	17,4
BP 9	2000	1450	507	116	124	34

Abbildung 6.1 zeigt die Differenzen der gemessenen Einspritzmassen zwischen Labor und Einzylinder der neun Betriebspunkte. Mit Ausnahme von Betriebspunkt 7, ist die ermittelte Masse am Einzylinder immer höher als im Labor. Die absoluten Abweichungen sind besonders bei den Betriebspunkten im mittleren Massenbereich (BP 2, BP 5 und BP 8) sehr hoch. Prozentual ergibt sich hieraus eine Abweichung von bis zu 15 %. Bei den kleinen Ein-

spritzmassen beträgt die prozentuale Abweichung sogar bis zu 50 %, wenn man die Ergebnisse der Teileinspritzungen der Betriebspunkte mit Mehrfach-einspritzung (BP 7, BP 8 und BP 9) mitberücksichtigt. Die Differenzen der Einzelmassen dieser Betriebspunkte sind in Abbildung 6.2 dargestellt.

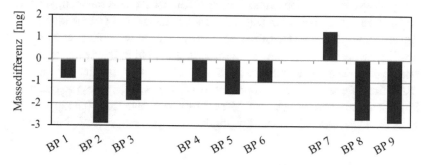

Abbildung 6.1: Massendifferenzen zwischen Einspritzlabor und Einzylin-derprüfstand der neun gemessenen Betriebspunkte

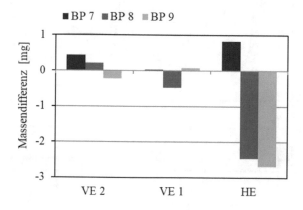

Abbildung 6.2: Massendifferenzen zwischen Einspritzlabor und Einzylin-derprüfstand der Betriebspunkte 7-9

Für die Analyse der Ursache der Einspritzmassendifferenzen werden die Druckverläufe in der Einspritzleitung herangezogen. Im Laboraufbau und am Einzylinderprüfstand wurde jeweils ein Drucksensor in der Leitung vor dem Injektor an einer vergleichbaren Position montiert. Aus den dort gemessenen Druckverläufen können Aussagen über die Spritzdauer einer Einspritzung getroffen werden. Die Vorgehensweise dazu wurde in Kapitel 5.1 bereits ausführlich beschrieben.

In Abbildung 6.3 sind die Druckverläufe und der Spannungsverlauf für die Einspritzung des Betriebspunkt 1 dargestellt. Es ist zu erkennen, dass die Spritzdauer am Einzylinder länger ist als im Labor, trotz einer identischen Ansteuerung. Der Injektor öffnet am Einzylinder etwas früher und schließt deutlich später als im Labor. Dadurch ergibt sich eine Spritzdauerdifferenz von 150 µs. Die längere Spritzdauer am Einzylinder würde, bei gleicher Durchflussrate wie sie im Labor gemessen wurde, zu einer 5 mg höheren Einspritzmasse führen. Da die Massenzunahme aber nur 0,9 mg beträgt, muss der Düsendurchfluss am Einzylinder geringer sein als im Labor.

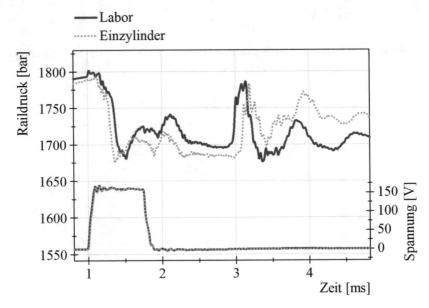

Abbildung 6.3: Druckverlauf in der Leitung und Ansteuerspannung von Betriebspunkt 1 im Labor und am Einzylinder

Der Druckverlauf für eine Mehrfacheinspritzung ist am Beispiel von Betriebspunkt 9 in Abbildung 6.4 zu erkennen. Die Spannungsverläufe sind hier nur für die zeitlich erste Voreinspritzung deckungsgleich. Bei den folgenden Einspritzungen ist die Pausenzeit zur vorangegangen Einspritzung beim Einzylinder kürzer. Die Ansteuerdauer bleibt gleich. Ursache hierfür kann die

winkelbasierte Eingabe der Spritzpause sein, die bei kleinen Drehzahlabweichungen zwischen Einzylinder und Labor zu abweichenden Pausenzeiten
führen kann. Die Ansteuerdauer wird hingegen zeitlich festgelegt, so dass
hier auch bei Drehzahlunterschieden immer gleich lange angesteuert wird. Es
ist zu erkennen, dass die Spritzdauern aller Teileinspritzungen am Einzylinder länger sind als im Labor. Für die Haupteinspritzung ergibt sich ein
Spritzdauerunterschied von 130 µs bei einem Massenunterschied von 2,7 mg.
Bei gleicher Durchflussrate müsste der Massenunterschied etwa 4 mg betragen. Der Düsendurchfluss ist daher in diesem Betriebspunkt am Einzylinder
geringer.

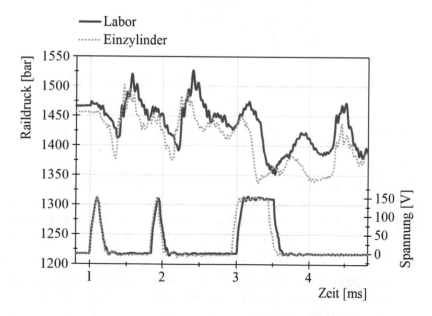

Abbildung 6.4: Druckverlauf in der Leitung und Ansteuerspannung von
Betriebspunkt 9 im Labor und am Einzylinder

Aus der Analyse der beiden Betriebspunkte geht hervor, dass die Massendifferenzen zwischen Einzylinder und Labor eine Kombination aus Unterschieden im Düsendurchfluss und in der Spritzdauer sind. Die Spritzdauer ist am
Einzylinder länger, der Durchfluss geringer als in den Labormessungen.
Abbildung 6.5 zeigt schematisch wie sich die Einspritzraten zueinander ver-

halten. Die Massenzunahme am Einzylinder Δm_S aus der Spritzdauerverlängerung abzüglich der Massenabnahme Δm_D aufgrund des geringeren Durchflusses ergibt die Massendifferenz die zwischen Einzylinder und Labor gemessen wird:

$$\Delta m = \Delta m_s - \Delta m_D \qquad\qquad \text{Gl. 6.1}$$

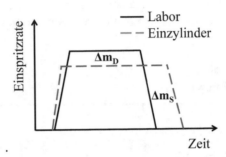

Abbildung 6.5: Schematische Darstellung der Rate von Labor und Einzylinder im Vergleich

Je länger die Spritzdauer einer Einspritzung ist, desto stärker beeinflusst Δm_D das Ergebnis und die Massendifferenz verringert sich. Daher ist in den Betriebspunkten mit langer Ansteuerdauer und damit auch langer Spritzdauer (BP 1 und BP 4) der Massenunterschied geringer als in den Betriebspunkten mit mittlerer Ansteuerdauer (BP 2 und BP 5).

Bei sehr kleinen Einspritzmassen ist die Ansteuerdauer so kurz, dass die Injektornadel nur minimal anhebt und während der Spritzdauer nicht der volle Düsenquerschnitt freigegeben wird. Es findet eine zusätzliche Drosselung des Massenstroms statt, man spricht hier vom ballistischen Betrieb. Daher verändern sich auch bei sehr kurzer Ansteuerdauer der Massenstrom stark und Δm_D beeinflusst trotz der kurzen Spritzdauer das Ergebnis der Massendifferenz. Das führt dazu, dass bei einigen Voreinspritzmassen im Labor eine höhere Einspritzmasse gemessen wurde, obwohl die Spritzdauern im Vergleich zum Einzylinder kürzer sind.

Der Injektor und dessen Ansteuerung waren in der Vergleichsmessung identisch. Die beobachteten Unterschiede im Massenstrom und der Spritzdauer müssen daher aus den unterschiedlichen Bedingungen im Labor und am

Einzylinder resultieren, die das Injektorverhalten beeinflussen. Im Einspritzlabor wird ein möglichst seriennaher Aufbau des Kraftstoffsystems angestrebt. Die Hochdruckpumpe, das Rail und der Injektor bilden dabei eine Einheit aus den Komponenten eines realen Motors. Trotz der Bemühungen das Kraftstoffsystem im Labor vergleichbar zum Realsystem aufzubauen, können nicht alle Zustände des realen Motors exakt nachgebildet werden. Gleiches gilt für den Einzylinder, der schon durch die Reduktion auf einen Zylinder vom realen Motor abweicht. Daraus ergeben sich die in Abbildung 6.6 dargestellten Unterschiede zwischen Einzylinder und Einspritzlabor.

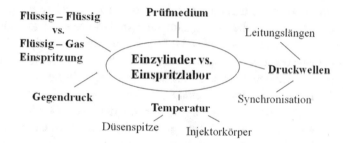

Abbildung 6.6: Unterschiede zwischen Einspritzlabor und Einzylinder

Druckwellen, Temperaturbedingungen und der Gegendruck am Injektor können nur bedingt in beiden Systemen identisch abgebildet werden. Ein weiterer Unterschied zwischen Labor und Einzylinder besteht im verwendeten Prüfmedium. Im Labor wird ein Ersatzkraftstoff als Prüfmedium verwendet, während am Einzylinder aufgrund des Verbrennungsbetriebs Realkraftstoff zum Einsatz kommt. Außerdem ist durch das Messgerät, dem Mexus 2.0, die Einspritzung in die mit dem Prüfmedium gefüllte Kammer vorgesehen. Dadurch erfolgt die Einspritzung in eine Flüssigkeit, während im Einzylinder wie im realen Motor die Einspritzung in den Brennraum erfolgt der mit einem gasförmigen Medium gefüllt ist.

Zum Einfluss von entstehenden Druckwellen, Temperaturbedingungen und Gegendruck am Injektor wurden bereits umfangreiche Untersuchungen in Kapitel 5 durchgeführt. Die dort gewonnenen Erkenntnisse können übertragen werden, um im Folgenden zu analysieren, woher die Differenzen im

Massenstrom und in der Spritzdauer zwischen Einzylinder- und Labormessung stammen.

Druckwellen entstehen in einem Einspritzsystem hauptsächlich durch die Hochdruckerzeugung und deren Regelung durch das Druckregelventil (DRV) und die Zumesseinheit (ZME). Die Hochdruckerzeugung am Einzylinder erfolgt wie im Einspritzlabor über eine Hochdruckpumpe, die über eine E-Maschine angetrieben wird. Eine Synchronisierung findet jedoch nicht statt. Bei jedem Motorstart ändert sich die Lage von Pumpenhub und Einspritzung zueinander. Zudem ergeben schon leichte Drehzahlabweichungen zwischen Einzylinder und E-Maschine eine Verschiebung der Lage der Einspritzung in Bezug auf den Pumpenhub von Arbeitsspiel zu Arbeitsspiel. In Kapitel 5.1 wurden die Auswirkungen von Druckwellen auf die Einspritzmasse, insbesondere bei fehlender Synchronisation, analysiert. Es treten Raildruckunterschiede zu Einspritzbeginn von bis zu 100 bar auf, die bei einer Haupteinspritzung zu einer Massendifferenz von 3 bis 4 % führen. Am Einzylinder erfolgt die Druckregelung über die ZME, um Druckwellen zu vermeiden. In Kombination mit der aufbaubedingten langen Leitung von der Pumpe zum Common-Rail erreichen nur schwache Druckwellen die Rail. In Messungen konnte nachgewiesen werden, dass der Einfluss auf die Einspritzmasse am Einzylinder ohne Synchronisation deutlich geringer ist als im Labor. Dennoch ist die Umsetzung einer Synchronisation von Pumpe zur Motordrehzahl zu empfehlen, um die Qualität der Ergebnisse weiter zu steigern. Die Synchronisation alleine stellt noch nicht sicher, dass die Charakteristik der Druckwellen beider Systeme identisch ist. Dies lässt sich nur durch die Verwendung der exakt gleichen Leitungskonfigurationen erreichen, was jedoch einen sehr hohen Aufwand bedeutet.

Aus den Druckverläufen in Abbildung 6.3 und Abbildung 6.4 ist zu entnehmen, dass nur geringe Unterschiede im Raildruck zu Einspritzbeginn auftreten und die Druckverläufe im weiteren Verlauf im Druckniveau wenig voneinander abweichen. Die Raildruckbedingungen konnten an beiden Systemen nahezu identisch umgesetzt werden. Der Raildruck oder die Druckwellen im System sind daher nicht die Ursache der Massenstrom- und Spritzdauerunterschiede.

Am Einzylinder beträgt die Wassertemperatur am Zylinderkopfaustritt 90 - 92 °C. Dies entspricht ungefähr der Temperatur im Bereich des Injektorkörpers. Im Labor wurde der Adapter mit Hilfe der Injektorkonditionierung auf eine Temperatur von 70 °C gebracht, um das aufgeheizte Verhalten am Einzylinder nachzustellen. Da die Temperaturen in allen Betriebspunkten im Labor gleich sein sollten und bei kleinen Einspritzmassen höhere Temperaturen mit der Konditionierung zu dem Zeitpunkt nicht einstellbar waren, besteht eine Temperaturdifferenz von 20 °C. Außerdem sind die Temperaturen an der Injektorspitze am Einzylinder aufgrund der dort stattfindenden Verbrennung deutlich höher als im Labor. Aus den Untersuchungen in Kapitel 5.2 ist bekannt, dass der für diese Messungen verwendete servogesteuerte Piezo-Injektor bei höheren Temperaturen eine längere Spritzdauer aufweist. Außerdem ist ein Einfluss auf das Strömungsverhalten in den Düsenlöchern, aufgrund der deutlich höheren Temperaturen an der Injektorspitze, zu erwarten. Es ist zusätzlich zu berücksichtigen, dass es durch die Verbrennung an der Düse zu Verkokungen kommen kann, die laut Herstellerangaben den Durchfluss um bis zu 3 % minimieren.

Der Gegendruckverlauf während des Einspritzvorgangs unterscheidet sich zwischen Einzylinder und Labor, wie in den Diagrammen in Abbildung 6.7 zu sehen ist. Neben den Gegendruckverläufen am Einzylinder und in der Mexuskammer, ist in Abbildung 6.7 auch der Leitungsdruckverlauf aus den Einzylinderergebnissen dargestellt, um die Lage der Einspritzungen zu erkennen. In der Mexuskammer steigt der Gegendruck gleichmäßig über den Einspritzverlauf an, da dieser an den eintretenden Massenstrom gekoppelt ist. Der Druck im Einzylinder verändert sich mit der Position des Kolbens und dem Verbrennungsverlauf und kann während des Einspritzzeitraums ansteigen oder abfallen. Der Gegendruckanstieg durch die Einspritzung im Mexus 2.0 beträgt 2 bis 30 bar. Im Einzylinder werden Druckanstiege bis zu 50 bar gemessen. Außerdem ist der Gegendruck im Einzylinder in vielen Betriebspunkten deutlich höher als dies im Mexus 2.0 einstellbar ist. Im Einzylinder erreicht der Gegendruck bis zu 160 bar und ist damit mehr als doppelt so hoch wie im Mexus 2.0, welches betriebsbedingt einen maximalen Raildruck von 60 bis 80 bar bereitstellen kann.

In Kapitel 5.3 wurde das Verhalten des Injektors auf Gegendruckveränderungen im Labor untersucht. Aufgrund der Kräfteverhältnisse im Injektor verlängerte sich die Spritzdauer bei höheren Gegendrücken. Der Gegendruck beeinflusst ebenfalls den Einspritzmassenstrom, da er das Druckgefälle über der Einspritzdüse mitbestimmt. Aufgrund des meist höheren Gegendrucks am Einzylinder ist dort die Einspritzrate geringer. Durch die starke Veränderung des Gegendrucks während der Einspritzung am Einzylinder verhält sich

die Einspritzrate im stationären Bereich anders, als dies mit dem Mexus 2.0
gemessen wird.

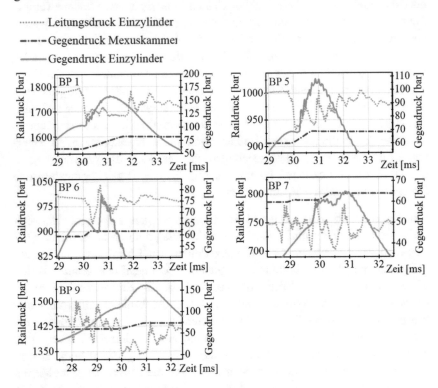

Abbildung 6.7: Gegendruck in der Mexuskammer und im Einzylinder während des Einspritzvorgangs

Betriebspunkt 7 ist der einzige Betriebspunkt, bei dem im Labor eine höhere
Einspritzmasse gemessen wurde als am Einzylinder. Dies setzt sich aus einer
höheren Einspritzmasse für die zeitliche erste Voreinspritzung und der
Haupteinspritzung zusammen (siehe Abbildung 6.2). Die Spritzdauern des
Betriebspunkts sind Abbildung 6.8 zu entnehmen.

Zunächst wird die erste Voreinspritzung analysiert. Durch die höhere Temperatur am Einzylinder verlängert sich dort die Spritzdauer. Gleichzeitig ist im
Bereich der ersten Voreinspritzung der Gegendruck im Einzylinder sehr
gering (siehe Abbildung 6.7), was wiederum zu einer Spritzdauerverkürzung

führt. Insgesamt verändert sich die Spritzdauer nicht, wie in den Druckverläufen in Abbildung 6.8 zu erkennen ist. Der Massenunterschied ist daher auf
eine Differenz im Massenstrom zurückzuführen. Trotz des höheren Gegendrucks und der niedrigeren Temperaturen im Mexus 2.0, die den Düsendurchfluss vermindert, muss der Massenstrom dort höher sein.

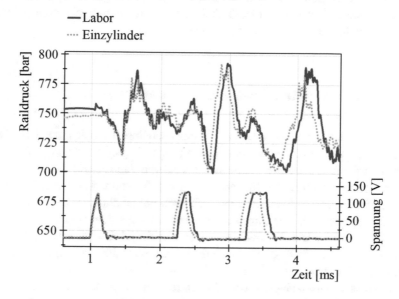

Abbildung 6.8: Druckverlauf in der Leitung und Ansteuerspannung von
Betriebspunkt 7 im Labor und am Einzylinder

Für die Haupteinspritzung ergibt sich im Einzylinder im Gegensatz zu den
vorher betrachteten Betriebspunkten eine geringere Spritzdauer als im Labor.
Betrachtet man die Gegendruckverläufe aus Abbildung 6.7 zum Zeitpunkt
der Haupteinspritzung, erkennt man, dass diese im Einzylinder und in der
Mexuskammer sehr ähnlich sind. Damit ist der Gegendruckeinfluss minimal.
Aufgrund der höheren Temperatur am Einzylinder erwartet man dort eine
verlängerte Spritzdauer, dies widerspricht jedoch dem Messergebnis.

Die Betrachtung der ersten Voreinspritzung und Haupteinspritzung des Betriebspunkt 7 verdeutlichen, dass neben Temperatur und Gegendruck noch
weitere Einflussfaktoren auf die Spritzdauer und den Einspritzmassenstrom
wirken. Das Prüfmedium, sowie der Aggregatzustand des Mediums in wel-

ches eingespritzt wird, sind am Einzylinder und im Einspritzlabor, wie bereits beschrieben wurde, unterschiedlich. Bisher gibt es in der Literatur keine Untersuchungen zu den Auswirkungen, welche die Verwendung eines Ersatzkraftstoffs auf die Einspritzmasse hat. Gleiches gilt für den Unterschied zwischen einer Einspritzung in ein flüssiges und in ein gasförmiges Medium. Zu den beiden Themen wurden deshalb Untersuchungen durchgeführt, die in den Kapiteln 6.2 und 6.3 beschrieben werden.

6.2   Einfluss unterschiedlicher Prüfmedien

In Laboren zur Untersuchung von Einspritzvorgängen werden, aus Gründen der Sicherheit, einfacheren Handhabung und Reproduzierbarkeit, Ersatzkraftstoffe als Prüfmedien verwendet. Diese sind den realen Otto- oder Dieselkraftstoffen in ihren Stoffeigenschaften möglichst ähnlich und dabei, aufgrund ihres höheren Flammpunktes, schwerer entzündlich. Otto- und Dieselkraftstoffe schwanken in ihrer Zusammensetzung und können von Lieferung zu Lieferung andere Kennwerte wie zum Beispiel Dichte und Viskosität besitzen. Leicht flüchtige Bestandteile führen zusätzlich zu einer Veränderung des Kraftstoffs über der Zeit. Das Ersatzmedium besitzt in der Ausgangszusammensetzung und über der Betriebsdauer immer identische Stoffeigenschaften, was eine Grundvoraussetzung für reproduzierbare Messergebnisse ist.

Der dauerhafte Einsatz von Otto- oder Dieselkraftstoff zur Vermessung von Einspritzkomponenten ist aus den oben genannten Gründen nicht sinnvoll. Es ist zu überprüfen, in wie weit die Ergebnisse der Vermessung der Einspritzrate und -masse mit Ersatzkraftstoffen mit den Ergebnissen der Realkraftstoffe übereinstimmen. Daraus ergibt sich die Nutzbarkeit von Labormessungen als Basis für weitere Untersuchungen am Einzylinder und Vollmotor, sowie als Eingangsgröße für Simulationen. Im Folgenden werden die zu dieser Fragestellung durchgeführten Messungen vorgestellt und analysiert.

Es werden Diesel und dessen Ersatzkraftstoff Prüföl nach DIN-ISO 4113, sowie Super E10 und das zurzeit verwendete Ersatzmedium Exxsol D40 miteinander verglichen. Die wichtigsten Stoffdaten, sowie deren Veränderung bei hohen Drücken und Temperaturen sind in Kapitel 3.3 ausführlich beschrieben. Tabelle 3.1 zeigt die Werte für Dichte, Viskosität und Schallgeschwindigkeit der Medien bei niedrigen Temperaturen und atmosphärischem Druck. Prüföl weist im gesamten Betriebsbereich vergleichbare Stoffwerte wie Diesel auf, so dass hier eine gute Übereinstimmung in den Massen- und Ratenergebnissen zu erwarten ist. Exxsol D40 und Super E10 unterscheiden sich hingegen in der Viskosität, insbesondere bei niedrigen Temperaturen (15 - 25 °C).

6.2.1   Vergleich von Diesel und Prüföl DIN-ISO 4113

Die Vergleichsmessungen von Prüföl und Diesel erfolgten im hydraulischen Diesel-Einspritzlabor. Es wurden Kennfelder mit Raildrücken von 400 bar bis 2000 bar vermessen. Dazu sind pro Betriebspunkt 50 Einspritzungen aufgezeichnet und daraus eine mittlere Einspritzrate und -masse ermittelt worden. Durch die Injektorkonditionierung konnten im Bereich des Injektors reproduzierbar Temperaturen von 70 °C eingestellt werden. In der Messkammer lag die Temperatur dabei in einem Bereich um 60 °C. Der Gegendruck wurde auf 60 bar eingestellt. Um Injektoreinflüsse bewerten zu können, umfasste der Vergleich die Vermessung eines servogesteuerten Piezo-Injektors (Injektor A1) und eines direktgesteuerten Piezo-Injektors (Injektor B).

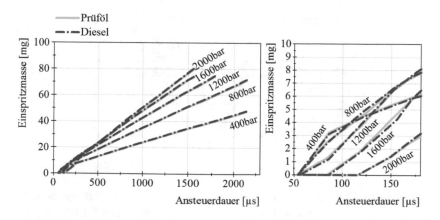

Abbildung 6.9: *links:* Kennfelder   des   direktgesteuerten   Piezo-Injektors (Injektor B); *rechts:* ballistischer Bereich

Abbildung 6.9 zeigt die Kennfelder des direktgesteuerten Piezo-Injektors (Injektor B) mit Prüföl und Diesel über den gesamten Ansteuerbereich und im ballistischen Bereich. Die Kennlinien verlaufen deckungsgleich und es sind keine Abweichungen erkennbar, welche über die üblichen Messtoleranzen hinausgehen. Das charakteristische Verhalten des Injektors, im ballistischen Bereich bei hohen Drücken weniger Masse bei gleicher Ansteuerdauer einzuspritzen, ist mit beiden Medien identisch.

In Abbildung 6.10 ist am Beispiel von zwei Ratenverläufen bei 1200 bar und 2000 bar zu sehen, dass die Einspritzratenverläufe beider Medien sehr gut übereinstimmen. Es ist zu erkennen, dass ein hoher Raildruck das Öffnen des Injektors behindert und den Schließvorgang unterstützt. Das führt zu längeren Öffnungszeiten des Injektors bei niedrigeren Raildrücken trotz gleicher Ansteuerdauer. Im Kennfeld wird dies durch den zunehmenden Abstand der Kennlinien zueinander bei kleiner werdenden Raildrücken deutlich, obwohl Δp konstant bleibt. Im ballistischen Bereich fallen dadurch die Einspritzmassen bei höheren Raildrücken stärker ab.

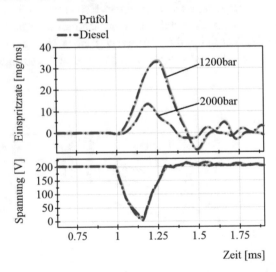

Abbildung 6.10: Einspritzraten und Spannungsverlauf des direktgesteuerten Piezo-Injektors (Injektor B) mit Prüföl und Diesel

Die Kennfelder des servogesteuerten Piezo-Injektors (Injektor A1) sind in Abbildung 6.11 zu sehen. Wie schon beim direktgesteuerten Piezo-Injektor

(Injektor B) sind keine Unterschiede zwischen der Messung mit Prüföl und Diesel erkennbar. Die Analyse der Einspritzratenverläufe liefert ebenfalls übereinstimmende Ergebnisse mit beiden Medien.

Wie bereits auf Basis der Analyse der Stoffdaten vermutet, bestätigt sich die Eignung von Prüföl nach DIN-ISO 4113 als Ersatzkraftstoff für Diesel bei Einspritzverlaufsmessungen. In keinem der vermessenden Punkte konnten Abweichungen festgestellt werden.

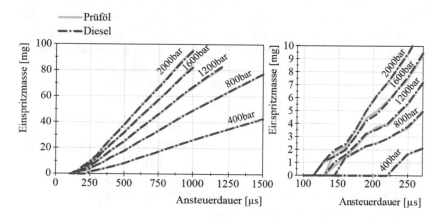

Abbildung 6.11: *links:* Kennfelder des servogesteuerten Piezo-Injektors (Injektor A1) *rechts:* Ballistischer Bereich der Kennfelder

6.2.2   Vergleich von Super E10 und Exxsol D40

Um zu prüfen ob Exxsol D40 ein geeignetes Ersatzmedium für Super E10 ist, wurden Messungen im aktuellen Raildruckbereich von Ottomotoren, das heißt bis 200 bar, mit zwei Injektorvarianten durchgeführt. Im Gegensatz zu den Dieselinjektoren sind die verwendeten Injektoren nicht nur in ihrem Ansteuerkonzept, sondern auch in ihrer Düsengestaltung sehr verschieden. Es wurden ein Magnet-Injektor mit Mehrlochdüse (Injektor D) und ein Piezo-Injektor (Injektor C) mit einer nach außen öffnenden A-Düse vermessen. Der Laboraufbau entspricht im Wesentlichen dem in Abbildung 4.1 dargestellten Aufbau des Diesel-Labors. Die einzelnen Komponenten, wie Hochdruckpumpe, Common-Rail und Hochdruckleitungen, sind in diesem Labor Serienkomponenten eines Ottomotors. Um die Zusammensetzung des Super

E10 Kraftstoffs möglichst wenig durch das ausdampfen von leicht flüchtigen Bestandteilen zu verändern, müssen die Untersuchungen bei niedrigen Temperaturen durchgeführt werden. Aufgrund der geringen Drücke bei Otto-Systemen heizen sich Injektor und Messkammer über die Laufzeit nur wenig auf. In Kombination mit der Injektorkonditionierung ermöglicht dies Messungen bei einer nahezu konstanten Kammertemperatur von 25 bis 27 °C. Der Gegendruck in der Mexuskammer wird auf 8 bar eingestellt. Es werden pro Betriebspunkt 50 Einspritzungen aufgezeichnet und daraus eine mittlere Einspritzrate und -masse ermittelt. Während es aus sicherheitstechnischen Gründen im Diesel-Labor nicht möglich war Super E10 oder Exxsol D40 zu vermessen, konnten die Messungen im Otto-Labor zusätzlich zu Super E10 und Exxsol D40, auch mit Diesel und Prüföl durchgeführt werden. Dadurch erhält man eine breitere Datenbasis mit zwei zusätzlichen Medien, die in den Stoffeigenschaften von Super E10 und Exxsol D40 abweichen.

In den Messungen mit dem Otto-Einspritzsystem bestätigte sich das Ergebnis aus den Untersuchungen des Dieselsystems. Mit Prüföl und Diesel werden übereinstimmende Einspritzmassen und Einspritzratenverläufe auch bei Verwendung der beiden Otto-Injektoren bestimmt. Im Folgenden ist es daher ausreichend die Ergebnisse von Prüföl als Vergleich für die Messungen mit Exxsol D40 und Super E10 zu verwenden.

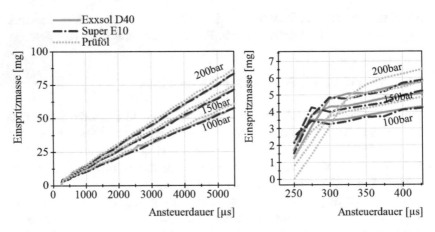

Abbildung 6.12: *links*: Kennfelder des Magnet-Injektors mit Mehrlochdüse (Injektor D) *rechts:* Ballistischer Bereich

In Abbildung 6.12 sind die Kennlinien des Magnet-Injektors (Injektor D) mit Super E10, Exxsol D40 und Prüföl im gesamten vermessenen Bereich und im ballistischen Bereich dargestellt. Es zeigt sich eine gute Übereinstimmung der Ergebnisse von Super E10 und Exxsol D40 im oberen Bereich des Kennfelds. Im ballistischen Bereich (Ansteuerdauer < 275 - 300 µs) wird mit Super E10 mehr Masse eingespritzt als mit Exxsol D40, bei gleicher Ansteuerung. Die Einspritzmassen mit Prüföl sind im überwiegenden Kennfeldbereich höher als mit Exxsol D40 oder Super E10. Im ballistischen Bereich, bei Ansteuerdauern unter 325 µs verhält es sich anders herum. Mit Prüföl als Kraftstoff fällt die Einspritzmasse deutlich stärker ab und liegt daher unter der Masse die mit Exxsol D40 oder Super E10 gemessen wird.

In Abbildung 6.13 sind die Einspritzratenverläufe des Injektors D mit den drei Medien bei einer langen Ansteuerdauer von 4600 µs dargestellt. Dabei werden mit Super E10 60,3 mg, mit Exxsol D40 60 mg und mit Prüföl 63,9 mg Einspritzmasse bestimmt. Die höhere Einspritzmasse bei Verwendung von Prüföl ergibt sich aus einem höheren Durchfluss und einer längeren Spritzdauer. Die Raten von Super E10 und Exxsol D40 weisen einen vergleichbaren Durchfluss und eine identische Spritzdauer auf.

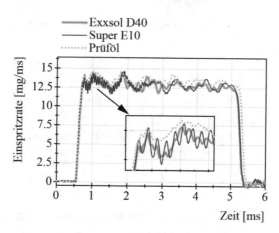

Abbildung 6.13: Einspritzraten des direktgesteuerten Magnet-Injektors (Injektor D) mit Mehrlochdüse ($p_E = 150$ *bar,* $p_G = 8$ *bar)*

Das mit Super E10 gemessene Ratensignal ist mit mehr Schwingungen beaufschlagt die eine höhere Frequenz und Amplitude aufweisen als das Signal von Exxsol D40. Die mit Prüföl gemessene Einspritzrate zeigt die wenigsten Schwingungen. Dieses Phänomen wurde bereits in Kapitel 5.3 beschrieben. Bei dem in diesen Messungen anliegendem Gegendruck von 8 bar tritt bei dem verwendeten Magnet-Injektor (Injektor D) bereits leichte Kavitation auf. Durch die implodierenden Gasblasen in der Messkammer entstehen Druckschwingungen, die sich im Ratensignal wiederfinden. Aufgrund des niedrigen Dampfdrucks von Super E10 ist dessen Kavitationsneigung am höchsten, so dass hier vermehrt Schwingungen auftreten.

Abbildung 6.14 zeigt die Einspritzraten des direktgesteuerten Magnet-Injektors (Injektor D) im ballistischen Bereich bei einer Ansteuerdauer von 275 µs. Das Ergebnis der Einspritzmasse beträgt mit Super E10 4,3 mg, mit Exxsol D40 3,8 mg und mit Prüföl 1,8 mg. Die Rate mit Super E10 als Prüfmedium weist einen leicht höheren Durchfluss bei etwas längerer Spritzdauer als die Rate von Exxsol D40 auf. Der Durchfluss und die Spritzdauer mit Prüföl sind deutlich niedriger im Vergleich zu den beiden anderen Medien.

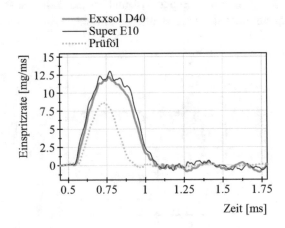

Abbildung 6.14: Einspritzraten des Magnet-Injektors (Injektor D) mit Mehrlochdüse ($p_E = 150$ bar, $p_G = 8$ bar)

Bei Variation des Prüfmediums und Verwendung des direktgesteuerten Piezo-Injektors (Injektor C) mit der A-Düse, zeigt sich ein deutlicher Unterschied in den eingespritzten Massen.

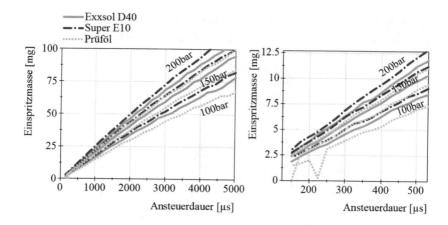

Abbildung 6.15: *links:* Kennfelder des direktgesteuerten Piezo-Injektors (Injektor C) mit A-Düse *rechts:* ballistischer Bereich

Abbildung 6.15 zeigt, dass mit Exxsol D40 weniger Masse eingespritzt wird als mit Super E10, bei gleicher Ansteuerdauer. Die Abweichung beträgt bis zu 12 % im ballistischen Bereich und bis zu 8 % bei langen Ansteuerdauern. Die Einspritzmasse von Prüföl ist am geringsten und liegt deutlich unter der Masse die mit Exxsol D40 gemessen wird. Die Differenz zwischen Prüföl und Exxsol D40 nimmt im oberen Kennfeldbereich mit fallendem Raildruck von 5 % bei 200 bar bis hin zu 14 % bei 100 bar zu. Im ballistischen Bereich liegen die Unterschiede zwischen Prüföl und Exxsol D40 unabhängig vom Raildruck im Bereich von 8 %.

In Abbildung 6.16 sind die Einspritzratenverläufe mit Super E10, Exxsol D40 und Prüföl bei einer langen Ansteuerdauer von 3000 µs und einem Raildruck von 150 bar dargestellt. Die gemessene Masse mit Super E10 beträgt 64,3 mg, mit Exxsol D40 59,5 mg und mit Prüföl 54,8 mg. Die Ursache der Massendifferenzen ist der unterschiedliche Durchfluss im stationären Bereich der Einspritzrate. Die Spritzdauern sind mit allen Medien identisch.

Die Einspritzraten für einen Betriebspunkt im ballistischen Bereich sind in Abbildung 6.17 dargestellt. Bei einer Ansteuerdauer von 275 µs und einem Raildruck von 150 bar wurden mit Exxsol D40 2,9 mg, mit Super E10 3,3 mg und mit Prüföl 2,8 mg Einspritzmasse gemessen. Auch im ballisti-

schen Bereich resultiert die Massendifferenz allein aus einem unterschiedlichen Durchfluss. Unterschiede in der Spritzdauer sind nicht erkennbar.

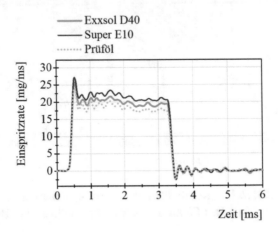

Abbildung 6.16: Einspritzraten des Piezo-Injektors (Injektor C) mit A-Düse
($p_E = 150\ bar,\ p_G = 8\ bar$)

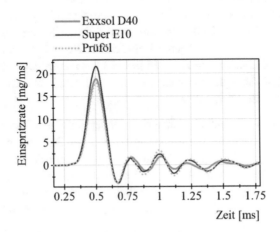

Abbildung 6.17: Einspritzraten des Piezo-Injektors (Injektor C) mit A-Düse
($p_E = 150\ bar,\ p_G = 8\ bar$)

Betrachtet man die Ergebnisse aller Messungen mit dem Ottosystem, zeigt
sich, dass die unterschiedlichen Stoffeigenschaften der Medien zu voneinan-

der abweichenden Einspritzraten und -massen bei gleicher Injektoransteuerung führen. Die Differenzen hängen dabei zusätzlich vom Injektortyp und der Düsengeometrie ab. Auch der Raildruck sowie die Dauer der Ansteuerung und der damit verbundene Nadelhub beeinflussen das Ergebnis.

Aufgrund der höheren Dichte von Prüföl ergibt sich bei gleichem Volumenstrom durch die Düse eine höhere Einspritzmasse als bei Verwendung von Super E10 oder Exxsol D40. Abbildung 6.18 und Abbildung 6.19 zeigen die Einspritzratenverläufe aus Abbildung 6.13 und Abbildung 6.16 bezogen auf den Volumenstrom.

In Abbildung 6.18 ist zu erkennen, dass der Volumenstrom des direktgesteuerten Magnet-Injektors (Injektor D) in der Messung mit Prüföl minimal geringer ist als mit Super E10 und Exxsol D40. Aufgrund der höheren Dichte von Prüföl ist daher dessen Massenstrom im Vergleich zu dem der anderen beiden Medien höher.

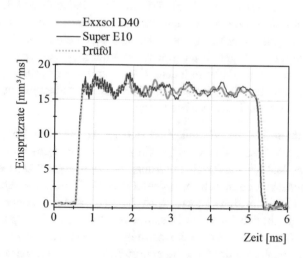

Abbildung 6.18: Einspritzraten des Magnetinjektors (Injektor D) mit Mehrlochdüse als Volumenstrom

WALTER hat in seinen Untersuchungen zur Innenströmung in kavitierenden Düsen festgestellt, dass Kavitationsfilme bis zum Spritzlochaustritt auftreten können [Wal02]. Der dadurch an den Wänden vorhandene Dampffilm hat im Vergleich zur Flüssigkeit eine sehr geringe Viskosität, wodurch sich niedri-

gere Schubspannungen bei der Durchströmung ergeben. Daraus resultieren
verminderte Rohrreibungsverluste, sodass nahezu die komplette bereitge-
stellte Energie in kinetische Energie umgewandelt werden kann und der Volumenstrom ansteigt. Gleichzeitig führt der Kavitationsfilm in Wandnähe zu
einer Verringerung des Düsenquerschnitts. Begrenzend für den Volumenstrom ist jedoch nur die Stelle des engsten Querschnitts. Die Länge des Kavi-
tationsgebiets spielt dabei keine Rolle.

Wie bereits in Kapitel 5.3 dargestellt wurde, und auch hier an den Schwin-
gungen in den Einspritzratenverläufen zu erkennen ist, tritt sowohl bei Super
E10 als auch bei Exxsol D 40 Kavitation bis zum Spritzlochaustritt auf.
Durch den Kavitationsfilm und die damit verbundene geringere Reibung
steigt der Volumenstrom an. Da die Reibungsverluste in diesem Fall kaum
den Volumenstrom beeinflussen, führt der Viskositätsunterschied zwischen
Super E10 und Exxsol D40 zu keiner messbaren Volumenstromdifferenz.
Bei der Verwendung von Prüföl als Prüfmedium sind aufgrund des geringen
Dampfdrucks die Kavitationsgebiete kleiner. Es treten höhere Reibungsverluste an den Spritzlochwänden auf. Dies wird durch die hohe Viskosität von
Prüföl verstärkt. Im Ergebnis entspricht der Volumenstrom von Prüföl annähernd dem vom Super E10 und Exxsol D40, somit muss der effektive Durchflussquerschnitt mit Prüföl größer sein. Dies resultiert ebenfalls aus der niedrigeren Kavitationsneigung des Mediums.

Aus Abbildung 6.14 ist bekannt, dass sich im ballistischen Bereich des direktgesteuerten Magnet-Injektors (Injektor D) der Massenstrom mit Prüföl
als Medium deutlich stärker als mit Super E10 oder Exxsol D40 vermindert.
Bezogen auf den Volumenstrom bedeutet dies für Prüföl eine sehr deutliche
Abnahme. In diesem Betriebsbereich ist die Nadel des Injektors nur minimal
geöffnet und gibt dabei vor den Düsenlöchern nur einen Ringspalt frei. Hier
findet eine Drosselung des Volumenstroms statt und der maximal mögliche
Volumenstrom, der an der Düse bereitgestellt werden kann, wird nicht mehr
erreicht. Ein Ringspalt zeichnet sich durch eine große Oberfläche im Vergleich zum durchströmten Raum aus. Dadurch steigt die Bedeutung der
Wandreibung. Aufgrund der höheren Viskosität von Prüföl treten hohe
Schubspannungen auf und es wird mehr Energie infolge von Reibung dissi-
piert als bei Verwendung von Super E10 oder Exxsol D40. Im Ergebnis
ergibt sich ein deutlich niedriger Volumenstrom. Super E10 und Exxsol D40
weisen im ballistischen Bereich ebenfalls einen Unterschied im Volumenstrom auf. Dies ist auf die Viskositätsunterschiede zurückzuführen, die auf-

grund der großen Wandfläche des Ringspalts ausreichen, um den Durchfluss zu beeinflussen.

Mit dem Magnet-Injektor (Injektor D) ist zu beobachten, dass das Spritzende durch die Wahl des Prüfmediums beeinflusst wird. Es wird vermutet, dass aufgrund der höheren Viskosität von Prüföl größere Reibungskräfte innerhalb des Injektors auftreten, die die notwendigen Schließkräfte erhöhen. Während beim Öffnen des Injektors die Magnetkräfte die Nadel nach oben bewegen, wird die Injektornadel beim Schließvorgang allein durch eine Feder wieder in ihren Sitz gedrückt. Das Beenden der Ansteuerung des Injektors führt zur Unterbrechung des Stromflusses und zum Abbau des Magnetfeldes, welches die Düsennadel anhebt. Bei Verwendung von Prüföl müssen höhere Schließkräfte aufgebracht werden, da der Abfluss des Kraftstoffs geringer und der Staudruck im Injektor folglich höher ist. Es dauert daher länger bis das Magnetfeld soweit abgebaut wird, dass die Federkraft ausreicht, um die Düsennadel in Richtung Sitz zu bewegen. Zur genaueren Untersuchung dieses Phänomens und Bestätigung dieser Theorie sind Messungen mit einem Injektor notwendig, der mit einem Nadelhubsensor ausgestattet ist.

Der Piezo-Injektor (Injektor C) besitzt eine nach außen öffnende A-Düse. Diese gibt einen Ringspalt frei, deren Spalt deutlich kleiner ist als der Durchmesser eines Düsenloches einer Mehrlochdüse. Wie bereits zum ballistischen Bereich des Magnetinjektors beschrieben wurde, ist die Wandfläche eines Ringspalts im Vergleich zu dessen Volumen sehr hoch. Dadurch hat die Wandreibung einen großen Einfluss auf den Volumenstrom. Mit dem Piezo-Injektor wurde bei Gegendrücken ab 8 bar und Raildrücken bis maximal 200 bar keine Kavitation in der Messkammer festgestellt. Es ist daher davon auszugehen, dass nur in kleinen Bereichen innerhalb der Düse Kavitation auftritt. Demzufolge tritt Reibung zwischen der Flüssigkeit und der Düsenwand auf. Bei einem Medium mit einer hohen Viskosität steigen die Verluste durch Wandreibung und der Düsendurchfluss verringert sich.

In Abbildung 6.19 ist zu sehen, dass mit Prüföl der geringste Volumenstrom durch die Düse gemessen wird. Prüföl hat eine hohe Viskosität im Vergleich zu Super E10 und Exxsol D40, so dass hier die Verluste durch Reibung am größten sind. Super E10 hat die niedrigste Viskosität und weist den höchsten Volumenstrom auf. Es wird deutlich, dass die A-Düse sehr sensitiv auf Viskositätsänderungen des Mediums reagiert. Während bei der Mehrlochdüse zwischen Exxsol D40 und Super E10 außerhalb des ballistischen Bereichs kein Unterschied im Volumenstrom zu sehen war, unterscheiden sich die Durchflüsse beider Medien bei der A-Düse deutlich. Aus den Einspritzraten- verläufen ist zu erkennen, dass das Prüfmedium keinen Einfluss auf das Öff- nungs- und Schließverhalten des Injektors hat.

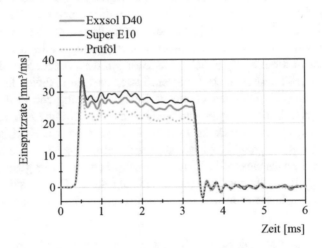

Abbildung 6.19: Einspritzraten des Piezo-Injektors (Injektor C) mit A-Düse als Volumenstrom

Zusammenfassend ist festzustellen, dass Exxsol D40 nicht als Ersatzkraft- stoff für Super E10 geeignet ist. Unterscheiden sich der Kraftstoff und dessen Ersatzmedium insbesondere in Dichte, Viskosität und Dampfdruck hat dies Einfluss auf das Strömungsverhalten in der Düse. Die Auswirkungen der unterschiedlichen Stoffeigenschaften hängen dabei von der Düsengeometrie ab. Es ergeben sich erhebliche Abweichungen in den gemessenen Volumen- strömen und den daraus resultierenden Einspritzmassen. Für Ottosysteme ist daher ein Ersatzkraftstoff zu suchen, der in der Dichte, Viskosität und Dampfdruck über den relevanten Druck- und Temperaturbereich mit den Stoffdaten von Super E10 übereinstimmt. Durch den Vergleich von Prüföl und Diesel, die sich sehr ähnlich in den Stoffeigenschaften sind, konnte ge- zeigt werden, dass so vergleichbare Ergebnisse gemessen werden können.

6.3   Einspritzung in ein flüssiges und in ein gasförmiges Medium

Die zurzeit zur hydraulischen Vermessung von Injektoren zur Verfügung stehenden Messgeräte, sind messprinzipbedingt so ausgeführt, dass der Injektor in Flüssigkeit einspritzt. Der Zylinder im Motor, in den der Kraftstoff eingebracht wird, ist dagegen mit einem Gasgemisch gefüllt. Soll der Einspritzverlauf unter motornahen Bedingungen, dass heißt bei Einspritzung in ein gasförmiges Medium erfolgen, sind die Massen und Ratenbestimmung vor dem Injektor (Downstream-Messung) durchzuführen. Diese Möglichkeit bietet aktuell nur das AVL Shot-to-Shot PLU 131. Der Raildruck ist dabei auf 250 bar begrenzt. Für Common-Rail-Systeme von Dieselmotoren und zukünftigen Ottomotoren werden deutlich höhere Raildrücke verwendet, so dass die Bestimmung der Rate und Masse durch ein Messgerät nach dem Injektor (Upstream-Messung) und damit durch eine Einspritzung in ein flüssiges Prüfmedium erfolgen muss. Es ist daher zu prüfen, in wie weit das Medium, in welches der Injektor einspritzt, Einfluss auf das Verhalten des Injektors und die eingespritzte Masse hat.

Schon in den 1960er Jahren führte SCHMITT Untersuchungen bei Einspritzung in Kraftstoff- und Stickstoffgegendruck mit 120 bar durch. Dazu nahm er den Druck im Düsenraum und den Nadelhub während der Einspritzung auf. Der Vergleich der Verläufe lieferte unabhängig von Medium in welches eingespritzt wurde das gleiche Ergebnis. Daher kam er zu der Schlussfolgerung, dass es keinen Einfluss auf die Strömungsvorgänge hat, ob in ein gasförmiges oder in ein flüssiges Medium eingespritzt wird [Sch67].

TREMMEL untersuchte den Unterschied zwischen Einspritzung in Flüssigkeit mit dem Injection Analyzer und Einspritzung in ein druckentlastetes, luftgefülltes Gefäß durch eine gravimetrische Messung. Für Einspritzdrücke von 50 bar und 100 bar und Einspritzmassen zwischen 5 mg und 50 mg wurden maximal 2 % Abweichung festgestellt. Die durch den Injection Analyzer gemessene Masse war dabei immer größer, als die Masse bei Einspritzung in Luft [Tre07].

In den Untersuchungen von TREMMEL sind die Randbedingen beider Messreihen nicht vergleichbar. In der mit Luft gefüllten Kammer ist kein Gegendruck eingestellt. Dies entspricht weder den realen Bedingungen in einem Motor, noch dem üblichen Vorgehen bei hydraulischen Messungen. In Kombination mit den niedrigen Raildrücken von 50 bar und 100 bar führt dies zu Unterschieden in der Druckdifferenz und somit zu Abweichungen im Durchfluss. Außerdem wurde in Kapitel 5.3 gezeigt, dass auch die Spritzdauern bei bestimmten Injektortypen durch den Gegendruck beeinflusst werden. Des Weiteren verwendet TREMMEL zur Ermittlung der Masse zwei unterschiedliche Messprinzipien ohne Berücksichtigung der spezifischen Messabweichungen.

Im Folgenden wird deshalb ein anderes Verfahren eingesetzt, um die Einspritzung in ein gasförmiges Medium und in Flüssigkeit miteinander zu vergleichen. Die Massenbestimmung erfolgt durch Bildung der Differenz der Massenströme im Vorlauf und Rücklauf des Kraftstoffkreislaufs. Zusätzlich zum Standardaufbau mit Einspritzung in das Mexus 2.0, wird eine mit Stickstoff gefüllte Kammer installiert, in der ein Gegendruck bis 25 bar erzeugt werden kann. Die Messungen werden mit einem Dieseleinspritzsystem mit Drücken bis 2000 bar durchgeführt.

6.3.1   Versuchsaufbau und Validierung des Messverfahrens

Für die folgenden Messungen wird der in Kapitel 4.1 beschriebene Laboraufbau um eine Kammer, sowie zwei Coriolis-Massendurchflussmesser (CMD-Messer) im Vor- und Rücklauf der Kraftstoffkonditionierung ergänzt. Der veränderte Laboraufbau ist der Abbildung A.1 im Anhang A2 zu entnehmen. Im Vorlauf wird der Kraftstoffzustrom über einen CMD-Messer bestimmt. Der Kraftstoff wird danach entweder über die ZME oder das DRV abgesteuert oder durch den Injektor eingespritzt. Durch die Messung der abgesteuerten Masse mit dem zweiten CMD-Messer kann aus der Differenz von Kraftstoffvorlauf und –rücklauf die eingespritzte Masse bestimmt werden. Um die Masse eines Injektors zu erhalten, werden die übrigen Injektoren bei diesen Untersuchungen nicht angesteuert.

Die für die Untersuchungen verwendete Kammer, ist vergleichbar zu den kalten Kammern, die für optische Messungen verwendet werden. Der Injektor wird am Kammerdeckel mit einem Adapter fixiert. Über einen Zugang wird Stickstoff in die Kammer geleitet und mit einem Druckregler der gewünschte Gegendruck erzeugt. Am Boden befindet sich ein Ablassventil, um nach der Messung das Prüföl zurück in die Konditioniereinheit zu leiten. Während der Messung werden in der Kammer 20 bar Gegendruck eingeregelt. Um gleiche Randbedingungen zu schaffen finden ebenfalls alle Messungen dieser Messreihe mit dem Mexus 2.0 mit 20 bar Gegendruck statt.

Der Injektor wird abwechselnd im Mexus 2.0 und in der Kammer vermessen. Um die Vergleichbarkeit der Ergebnisse zu gewährleisten, wird die Injektorkonditionierung deaktiviert, da sie für den Adapter der Stickstoffkammer nicht umgesetzt werden kann. Über einen Drucksensor in der Leitung zum Injektor wird der Kraftstoffdruck in beiden Aufbauvarianten überwacht. Für die Untersuchung werden drei verschiedene Injektorkonzepte eingesetzt, zwei servogesteuerte Piezo-Injektoren (Injektor A1 und Injektor A3) mit unterschiedlichen Düsen und ein direktgesteuerter Piezo-Injektor (Injektor B). Dadurch lassen sich Injektoreinflüsse auf die Messergebnisse bewerten. Als Prüfmedium wird Prüföl nach DIN ISO 4113 eingesetzt, dass aufgrund der Ergebnisse aus Kapitel 6.2 uneingeschränkt als Ersatzmedium für Dieselkraftstoff eingesetzt werden kann.

Durch die Vorförderpumpe, die ZME und das DRV, treten Schwankungen im Vorlauf- und Rücklaufmassenstrom auf. Aufgrund der Strecke zwischen den beiden CMD-Messungen und den dazwischenliegenden Komponenten treten diese Schwankungen zeitversetzt und unterschiedlich stark ausgeprägt im Vor- und Rücklauf auf. Daher kann die Massenbestimmung aus der Differenz von Vorlauf und Rücklauf nur unter stationären Bedingungen als Mittelwert über einer gewissen Messdauer erfolgen.

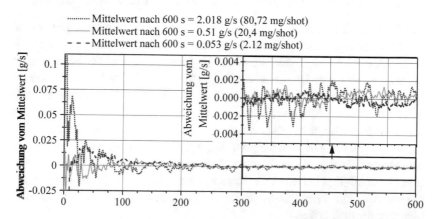

Abbildung 6.20: Abweichung der Differenz zwischen Vorlauf und Rücklauf nach der Messzeit t_i vom Mittelwert nach 600 s

Abbildung 6.20 zeigt die Ergebnisse einer Langzeitmessung über 600 s bei verschiedenen Einspritzmassen mit einer Einspritzfrequenz von 25 Hz. Die Differenz aus Vorlauf und Rücklaufmassenstrom der Messungen beträgt dabei im Mittel nach 600 s 2,018 g/s (80,72 mg/shot), 0,51 g/s (20,4 mg/shot) und 0.053 g/s (2,12 mg/shot). Bestimmt man nach Gleichung 6.2 die Abweichung des Mittelwerts nach einer bestimmten Messdauer t_i vom Mittelwert der gesamten Messdauer, so erhält man die in Abbildung 6.20 dargestellten Werte.

$$Abweichung\ vom\ Mittelwert\ (t) = \left(\int_0^{t_i} \dot{m}_{Vorlauf} - \dot{m}_{Rücklauf}\ dt \right) * \frac{1}{t_i} \qquad Gl.\ 6.2$$

Nach 400 s bewegt sich der Mittelwert für alle Messungen in einem Bereich von +/- 0.002 g/s. Diese Abweichungen vermindern sich mit Zunahme der Messdauer nicht weiter. Das entspricht einer Genauigkeit der Massenbestimmung von 3,8 % für die kleine, 0,4 % für die mittlere und 0,1 % für die größte Einspritzmasse. Anhand dieser Ergebnisse wird die Messdauer für die folgenden Untersuchungen mit 400 s definiert.

Zur Untersuchung der Genauigkeit und Reproduzierbarkeit der Massenmessung über die Differenz der Massenströme, wurden verschiedene Einspritzmassen viermal in zufälliger Reihenfolge 400 s vermessen. Die Massen sind parallel über die CMD-Messer und das Mexus 2.0 ermittelt worden, sodass die zu vergleichenden Ergebnisse aus demselben Einspritzevent stammen.

Die Tabelle 6.2 zeigt die Mittelwerte aus den vier Einzelmessungen, sowie die dazugehörige Standardabweichung und die ermittelte Abweichung zwischen Mexus 2.0 und CMD-Messung. Die Ergebnisse der CMD-Messungen zeigen eine sehr gute Übereinstimmung mit den durch das Mexus 2.0 ermittelten Massen. Die Abweichung liegt für Massen über 10 mg/shot deutlich unter 1 %. Bei der kleinsten Masse beträgt der Unterschied 4,2 % und liegt damit im Bereich der möglichen Messgenauigkeit der angewendeten Differenzmessmethode. Die Standardabweichungen sind für die mittleren bis hohen Massen für das Mexus 2.0 und die CMD-Messung vergleichbar. Daher sind die CMD-Ergebnisse in der Reproduzierbarkeit ähnlich gut wie die des Mexus 2.0. Für kleine Massen ist die Standardabweichung der CMD-Messung deutlich höher.

Die Validierung der Massenbestimmung mit den CMD-Messern zeigt, dass mittlere Einspritzmassen über 10 mg mit einer Messdauer von 400 s sehr genau bestimmt werden können. Bei kleineren Massen, wie sie für Voreinspritzungen genutzt werden, treten größere Abweichungen zwischen Mexus 2.0 und CMD-Ergebnis auf. Die Ergebnisse werden in den folgenden Auswertungen mit aufgenommen, sind für die Analyse jedoch nicht ausreichend genau.

Tabelle 6.2: Abgleich der Ergebnisse bei gleichzeitiger Messung mit CMD-Messer und Mexus 2.0

	Differenz der CMD-Messer zwischen Vor- und Rücklauf		Mexus-ergebnis	Abweichung zwischen Mexus und Differenz aus CMD-Messung	
	[g/s]	[mg]	[mg]	[mg]	[%]
Mittelwert	1,9898	79,5908	79,7306	-0,1398	**-0,1772**
Std.abw.	0,0081		0,0231		
Std.abw.[%]	**0,4063**		0,0290		
Mittelwert	1,0046	40,1851	40,1538	0,0314	**0,0777**
Std.abw.	0,0027		0,1225		
Std.abw.[%]	**0,2681**		0,3050		
Mittelwert	0,2505	10,0207	10,0843	-0,0636	**-0,6510**
Std.abw.	0,0035		0,1312		
Std.abw.[%]	**1,3774**		1,3006		
Mittelwert	0,0506	2,0232	2,1080	-0,0848	**-4,2419**
Std.abw.	0,0012		0,0090		
Std.abw.[%]	**2,4296**		0,4263		

6.3.2 Ergebnisse

In Abbildung 6.21 sind die Ergebnisse des Vergleichs zwischen Einspritzung in die Messkammer des Mexus 2.0 und in die mit Stickstoff gefüllte Kammer dargestellt. Die oberen Diagramme zeigen die absoluten Differenzen der Einspritzmassen für die drei untersuchten Injektoren (Injektor A1, Injektor A3, Injektor B) bei Raildrücken von 1000 bar und 1800 bar. Dabei wurde immer die bei Einspritzung in die Stickstoffkammer ermittelte Masse von der mit dem Mexus 2.0 gemessenen Masse abgezogen. In den beiden unteren Diagrammen sind die Massendifferenzen prozentual dargestellt, wobei das Ergebnis der Stickstoffkammer die Bezugsgröße darstellt.

Für den direktgesteuerten Piezo-Injektor (Injektor B) wurden die Massen bei Einspritzung in das Mexus 2.0 über die Waage und nicht mit dem Mexus 2.0 ermittelt. Der Grund dafür ist, dass bei diesem Injektortyp bei einem Gegendruck von 20 bar das Messergebnis des Mexus 2.0 durch das Vordringen von Kavitation bis in die Messkammer verfälscht wird (vgl. Kapitel5.3).

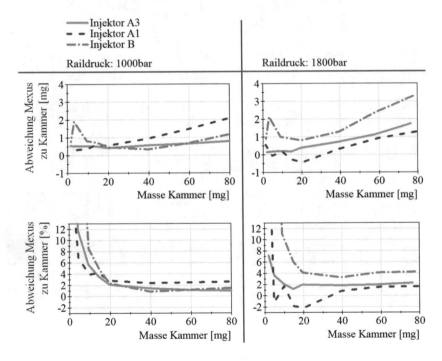

Abbildung 6.21: Massendifferenz bei Einspritzung in die Mexuskammer und die Stickstoffkammer ($p_G = 20\ bar$)

Mit dem Mexus 2.0, das heißt bei Einspritzung in Flüssigkeit, wird in fast allen Messpunkten eine höhere Einspritzmasse detektiert als bei Einspritzung in die Stickstoffkammer. Für Massen von 20 mg bis 80 mg sind die prozentualen Abweichungen des Injektors A3 und des Injektors B bei einem bestimmten Raildruck konstant und betragen 2 % und 4 %. Im Bereich von Einspritzmassen unter 20 mg ist eine gleichbleibende oder sogar steigende absolute Massendifferenz bei allen Injektoren zu beobachten, was einer starken Zunahme der prozentualen Abweichung entspricht.

Auffällig ist das Verhalten des servogesteuerte Piezo-Injektors mit dem höheren Durchfluss (Injektor A1) bei einem Raildruck von 1800 bar. Für Massen zwischen 10 mg und 30 mg wird bei Einspritzung in das gasförmige Medium eine höhere Masse ermittelt, als mit dem Mexus 2.0. Bei Einspritzmassen von über 50 mg stellt sich eine konstante prozentuale Abweichung von 1,9 % ein. Im Bereich kleiner Massen ergibt sich für die Differenz der Einspritzmassen in Flüssigkeit ein minimaler Unterschied, der im Bereich der Messungenauigkeit liegt.

Bei der Einspritzung in die Stickstoffkammer ist es nicht möglich Einspritzraten zu erfassen. Es kann jedoch aus dem aufgezeichneten Druckverlauf in der Leitung vor dem Injektor die Spritzdauer bestimmt werden. Die Vorgehensweise ist in Kapitel 5.2.1 bereits ausführlich beschrieben. Die Aufzeichnung der dazu notwendigen Druckverläufe erfolgt bei Einspritzung in das Mexus 2.0 und in die Stickstoffkammer während der Messdauer, als Mittelung über 1000 Einspritzevents.

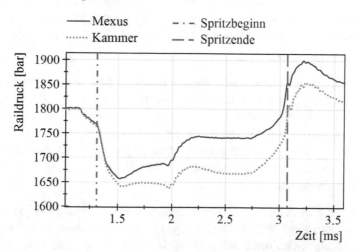

Abbildung 6.22: Druckverläufe des servogesteuerten Piezo-Injektors bei Einspritzung in die Kammer und in das Mexus 2.0

In Abbildung 6.22 sind die zwei Druckverläufe für den servogesteuerten Piezo-Injektor mit HD 660 (Injektor A3) bei Einspritzung in Flüssigkeit und in Gas gegenübergestellt ($p_E = 1800$ bar, $p_G = 20$ bar). Die Einspritzmasse betrug dabei 57,6 mg und war bei Einspritzung in Flüssigkeit um 1,1 mg (1,9 %) höher als bei Einspritzung in die Stickstoffkammer. Am Druckverlauf ist zu erkennen, dass die Spritzdauern beider Einspritzraten nahezu identisch sind. Der Druckabfall und damit der Spritzbeginn starten zeitgleich. Der für diesen Injektor charakteristische Peak zum Spritzende ist in beiden Druckverläufen fast zum gleichen Zeitpunkt zu erkennen. Folglich ergibt sich die ermittelte Massendifferenz nicht aus einem Unterschied in der Spritzdauer, sondern aus einem unterschiedlichen Durchfluss durch die Düse.

Infolge der Kraftstoffentnahme durch die Einspritzung fällt der Druck zunächst in der Düse und anschließend in der Einspritzleitung ab. Daher besteht prinzipiell ein Zusammenhang zwischen Einspritzmasse und Druckabfall in der Einspritzleitung. Betrachtet man den Druckabfall der Einspritzraten in Abbildung 6.22 ist zu erkennen, dass bei Einspritzung in die Mexuskammer der Druck weniger stark abfällt, als bei Einspritzung in die Stickstoffkammer. Trotzdem wird bei Einspritzung in die Mexuskammer bei gleicher Spritzdauer eine höhere Einspritzmasse bestimmt. Die Höhe des Druckabfalls ist abhängig von der Kompressibilität des Mediums und dem Volumen aus dem die Masse entnommen wird. Aufgrund der aufbaubedingt unterschiedlichen Leitungen zu Mexus 2.0 und der Stickstoffkammer eignet sich die Höhe des Druckabfalls daher in dieser Untersuchung nicht für Rückschlüsse auf den Durchfluss.

Für den gleichen Betriebspunkt sind die Druckverläufe des direktgesteuerten Piezo-Injektors (Injektor B) in Abbildung 6.23 dargestellt. Die Masse bei Einspritzung in Flüssigkeit lag mit 60,9 mg um 2,4 mg höher als bei Einspritzung in Gas, was einer prozentualen Differenz von 4 % entspricht. Wie schon beim servogesteuerten Piezo-Injektor (Injektor A3) ist die Spritzdauer identisch und daher der Massenunterschied im unterschiedlichen Düsendurchfluss begründet.

Abbildung 6.24 zeigt den Vergleich der Druckverläufe des servogesteuerten Piezo-Injektors mit HD 860 (Injektor A1) in einem Betriebspunkt, indem bei Einspritzung in Gas mehr Masse ermittelt wurde als bei Einspritzung in das Mexus 2.0. Die Einspritzmasse in Gas beträgt 20,2 mg und die Masse bei Einspritzung in Flüssigkeit 19,8 mg. Die Spritzdauern sind auch in diesem

Betriebspunkt identisch. Die Umkehr im Massenverhalten ist allein auf eine Veränderung im Düsendurchfluss zurückzuführen.

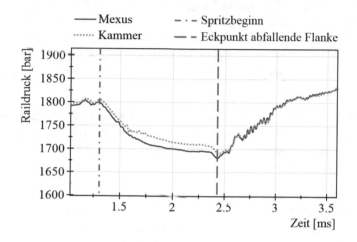

Abbildung 6.23: Druckverläufe des direktgesteuerten Piezo-Injektors bei Einspritzung in die Kammer und in das Mexus 2.0

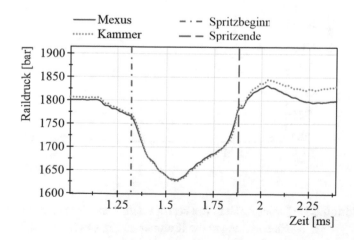

Abbildung 6.24: Druckverläufe des servogesteuerten Piezo-Injektors bei Einspritzung in die Kammer und in das Mexus 2.0

In Abbildung 6.25 und Abbildung 6.26 sind die Druckverläufe bei einer kleinen Einspritzmasse für den servogesteuerten Piezo-Injektor HD860 (Injektor
A1) mit $m_{Coriolis} = 4,58$ mg und $m_{Mexus} = 4,9$ mg und den direktgesteuerten
Piezoinjektor HD860 (Injektor B)   mit $m_{Coriolis} = 4,6$ mg und
$m_{Mexus} = 5,32$ mg dargestellt. In beiden Darstellungen sind keine Spritzdauerunterschiede zu erkennen. Daher sind die gemessenen Massendifferenzen
bei kleinen Einspritzmengen ebenfalls durch Durchflussunterschiede an der
Düse zu begründen.

Die Messergebnisse zeigen, dass sich der Düsendurchfluss bei Einspritzung
in Flüssigkeit und in Gas unterscheidet. Aus vorherigen Untersuchungen ist
bekannt, dass Raildruck, Temperatur und Gegendruck den Massenstrom
durch die Düse beeinflussen.

Die Raildruckbedingungen sind, wie in den gezeigten Druckverläufen der
Einspritzleitung zu sehen ist, identisch oder nur minimal verschieden. Raildruckunterschiede können daher als Grund für Änderungen im Düsendurchfluss bei Variation des Gegenmediums ausgeschlossen werden.

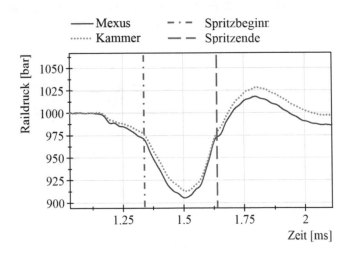

Abbildung 6.25: Druckverläufe des servogesteuerten Piezo-Injektors mit bei
Einspritzung in die Kammer und in das Mexus 2.0

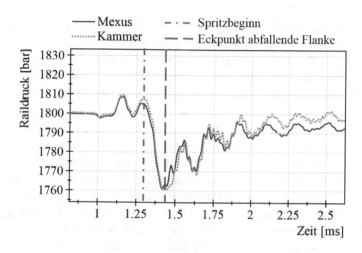

Abbildung 6.26: Druckverläufe des direktgesteuerten Piezo-Injektors mit bei Einspritzung in die Kammer und in das Mexus 2.0

Der Gegendruck ist zu Beginn der Einspritzung in der Mexuskammer und in der Stickstoffkammer auf 20 bar eingestellt. Während der Einspritzung in die Mexuskammer steigt der Gegendruck dort an. In der Stickstoffkammer erhöht sich der Gegendruck durch die Einspritzung nicht, aufgrund des großen Volumens und der geringen Dichte des Gases in der Kammer. Für Einspritzungen in die Stickstoffkammer ist daher von einem konstanten Gegendruck von 20 bar für einen Einspritzvorgang auszugehen. Dies bedeutet, dass im Mittel der Gegendruck bei Einspritzung in die Stickstoffkammer geringer ist als bei Einspritzung in das Mexus 2.0. Nach der Durchflussgleichung von BERNOULLI müsste folglich der Durchfluss bei Einspritzung in die Kammer, aufgrund der größeren Druckdifferenz, höher sein. Beobachtet wurde jedoch in den meisten Fällen genau das umgekehrte Verhalten.

Bei Einspritzung in Flüssigkeit trifft der Strahl beim Austritt aus der Düse auf eine hohe Umgebungsdichte und wird dadurch stark abgebremst. Die Eindringtiefe ist daher niedriger als bei Einspritzung in ein gasförmiges Medium. Das führt dazu, dass der Druck lokal vor der Düse stark ansteigt und die Druckdifferenz über der Düse absinkt. Daraus folgt ein verminderter Düsendurchfluss. Dies wiederspricht jedoch ebenfalls dem beobachteten höheren Düsendurchfluss bei Einspritzung in Flüssigkeit.

Da die Injektorkonditionierung aus Gründen der Vergleichbarkeit nicht für diese Untersuchung verwendet werden konnte, wurde vor jeder Messung das Messsystem durch einen Einspritzbetrieb vorkonditioniert. Dadurch heizt sich der Injektor und die Flüssigkeit oder das Gas in der jeweiligen Kammer auf. Da die Injektoren nicht mit einem Temperatursensor im düsennahen Bereich ausgestattet waren, sind jedoch keinen Daten zu den Temperaturen, die sich an der Düsenspitze einstellen, vorhanden. Aus den Ergebnissen von Kapitel 5.2 geht hervor, dass die Temperaturen des Injektors und der Düse den Durchfluss beeinflussen. Temperaturunterschiede führten jedoch auch zu Spritzdaueränderungen. Da in den vorliegenden Messungen keine Spritzdauerunterschiede außerhalb des ballistischen Bereichs festgestellt wurden, wird angenommen, dass sich die Temperaturen in beiden Systemen nicht wesentlich voneinander unterscheiden. Um dies zu verifizieren müssen jedoch Messungen mit speziell ausgerüsteten Injektoren wiederholt werden.

Da Raildruck-, Gegendruck- und Temperaturbedingungen nicht die Ursache der Durchflussunterschiede sind, ist anzunehmen, dass der unterschiedliche Aggregatzustand des Gegenmediums Einfluss auf das Strömungsverhalten in der Düse hat. Während die Strömungsvorgänge an Einspritzdüsen bei Einspritzung in ein gasförmiges Medium bereits sehr häufig untersucht wurden, sind die Strömungsbedingungen in der Mexus 2.0 nicht im Detail bekannt. Hierzu sind unter anderem Simulationen der Strömungsbedingungen in der Kammer durchzuführen. Um diese zu Verifizieren ist der Aufbau einer optisch zugänglichen Mexuskammer geplant. Damit können zukünftig Aufnahmen von der Strömung im inneren der Mexuskammer gemacht werden und die Analysen erweitert werden.

6.4   Zusammenfassung der Ergebnisse

Die Ergebnisse der Vergleichsmessungen zwischen Einzylinder und Einspritzlabor, sowie die darauffolgenden Untersuchungen zum Einfluss des Prüfmediums und des Gegenmediums zeigen, dass es Abweichungen zwischen den Einspritraten in außermotorischen und motorischen Systemen gibt. In Tabelle 6.3 sind die Auswirkungen der Unterschiede zwischen den durchgeführten Einzylinder- und Laboruntersuchungen, auf die Spritzdauer und den Durchfluss im stationären Bereich der Einspritzrate für den servogesteuerten Piezo-Injektor (Injektor A1) zusammengefasst.

Tabelle 6.3:   Auswirkungen der Unterschiede zwischen Einzylinder- und Laboruntersuchung des servogesteuerten Piezo-Injektors für Dieselsysteme (Injektor A1)

Injektor A1	Unterschied Einzylinder zu Labor	Spritzdauer	Durchfluss (mg/s)
Raildruck	Keine Synchronisation, längere Leitungen	→	→
Temperatur	Ca. 20 °C höher	↑	→ ↓(Verkokung)
Gegendruck	Häufig höher und nicht kontinuierlich ansteigend	↑	↓
Prüfmedium	Diesel anstelle von Prüföl	→	→
Gegenmedium	Einspritzung in Gas statt Flüssigkeit	→	↓

Wie bereits in Kapitel 6.1 beschrieben wurde, treten nur geringe Raildruckdifferenzen in beiden Systemen auf, trotz fehlender Synchronisation und anderer Leitungslängen am Einzylinder. Deshalb gibt es aufgrund des Raildrucks keine Auswirkungen auf die Spritzdauer und den Durchfluss der Düse. Die Temperatur am Einzylinder ist etwa 20° C höher als im Labor, wodurch sich die Spritzdauer verlängert. Durchflussänderungen aufgrund von Temperaturunterschieden sind mit diesem Injektor auf Basis der durchgeführten Labormessungen nicht bekannt. Durch Verkokung kann sich jedoch der Durchfluss am Einzylinder im Vergleich zum Einspritzlabor verringern. Der Gegendruck im Einzylinder ist in vielen Betriebspunkten höher als in der Mexuskammer und hat einen anderen Verlauf. Das hat zur Folge, dass die Spritzdauer ansteigt und der Durchfluss abnimmt. In Kapitel 6.2 konnte gezeigt werden, dass Prüföl ein geeigneter Ersatzkraftstoff für Diesel ist.

Aufgrund des Prüfmediums entstehen daher keine Abweichungen für die Einspritzrate. Die Untersuchungen zum Gegenmedium in Kapitel 6.4 haben ergeben, dass bei Einspritzung in Gas der Düsendurchfluss geringer ist. Ein Einfluss auf die Spritzdauer wurde nur bei kleinen Einspritzmassen beobachtet.

In der Summe ergibt sich aus den einzelnen Einflussgrößen eine steigende Spritzdauer und ein geringerer Durchfluss am Einzylinder mit dem servogesteuerten Piezo-Injektor (Injektor A1). Dies deckt sich mit den in Kapitel 6.1 gemessenen Ergebnissen.

Vergleicht man die Laborbedingungen mit den Zuständen an einem Vollmotor, ergeben sich die gleichen Einflussparameter die bereits zwischen Einzylinder und Labor ermittelt wurden. Am Motor findet eine synchronisierte Einspritzung mehrerer Injektoren statt. Dieses Verhalten kann durch die Synchronisation der Hochdruckpumpe zu den Einspritzungen im Labor nachgestellt werden. Außerdem werden im Labor annähernd die gleichen Hochdruckleitungen eingesetzt und es ist möglich alle Injektoren anzusteuern. Es ergeben sich gleiche Raildruckbedingungen in beiden Systemen. Temperatur, Gegendruck, Prüfmedium und Gegenmedium unterscheiden sich zwischen Vollmotor und Labor in gleicher Weise wie zwischen Einzylinder und Labor. Deshalb gelten die Einflüsse der Parameter auf Spritzdauer und Durchfluss aus Tabelle 6.3 ebenfalls für die Bewertung der Übertragbarkeit der Laborergebnisse auf Vollmotoruntersuchung.

Anhand der durchgeführten Untersuchungen kann im Folgenden für die anderen in dieser Arbeit betrachteten Injektortypen analysiert werden, welcher Unterschied sich zwischen einer Messung im Einspritzlabor und am Einzylinder bzw. an einem Vollmotor ergeben wird.

Die Auswirkungen der Unterschiede zwischen Labor und Realsystem auf die Einspritzrate für den direktgesteuerten Piezo-Injektor (Injektor B) sind in Tabelle 6.4 zusammengefasst. Da dieser Injektor ebenfalls an Dieselsystemen eingesetzt wird, sind die Unterschiede die sich zwischen einem motorischen System und der Laborumgebung ergeben identisch zu denen der Untersuchungen mit dem servogesteuerten Piezo-Injektor (Injektor A1) am Einzylinder. Ein Einfluss des Raildrucks auf die Spritzdauer und den Durchfluss ist nicht zu erwarten. Durch die höhere Temperatur in einem Realsystem wird bei diesem Injektortyp die Spritzdauer ansteigen und der Düsendurchfluss geringer werden. Dagegen hat der Gegendruck keinen Einfluss auf das Öffnungs- und Schließverhalten des direktgesteuerten Piezo-Injektors (Injektor B), so dass sich hieraus keine Spritzdauerunterschiede ergeben. Der Düsendurchfluss wird jedoch bei höherem Gegendruck im Motorzylinder im Vergleich zur Mexuskammer abnehmen. Mit Diesel ergeben sich die gleichen Einspritzraten wie mit Prüföl. Durch die Einspritzung in ein gasförmiges Medium reduziert sich der Düsendurchfluss, bei gleichbleibender Spritzdauer.

Tabelle 6.4: Auswirkungen der Unterschiede zwischen Einzylinder- und Laboruntersuchung des direktgesteuerten Piezo-Injektors für Dieselsysteme (Injektor B)

Injektor B	Unterschied Realsystem zu Labor	Spritzdauer	Durchfluss (mg/s)
Raildruck	Abhängig von Leitungslängen	→	→
Temperatur	Ca. 20 °C höher	↑	↓
Gegendruck	Häufig höher und nicht kontinuierlich ansteigend	→	↓
Prüfmedium	Diesel anstelle von Prüföl	→	→
Gegenmedium	Einspritzung in Gas statt Flüssigkeit	→	↓

Insgesamt folgt aus der Analyse der Einflussparameter des direktgesteuerten Piezo-Injektors (Injektor B), dass beim Einsatz an einem Einzylinder oder in einem Motor die Spritzdauer im Vergleich zur Einspritzung in der Laborumgebung ein wenig verlängert wird. Der Durchfluss durch die Düse im stationären Bereich der Einspritzrate verringert sich deutlich, aufgrund der Temperatur- und Gegendruckunterschiede und dem andersartigen Gegenmedium.

Betrachtet man die Randbedingungen zwischen einem motorischen System und dem Laboraufbau für Ottosysteme, zeigt sich, dass aufgrund des niedrigen Druckniveaus Druckwellen weniger relevant für die Bewertung sind. Durch die geringeren Drücke steigen die Temperaturen im Labor für Ottosysteme nicht so stark an. Es wird hier außerdem auf eine zusätzliche Erwärmung des Systems durch die Injektorkonditionierung aus sicherheitstechnischen Gründen verzichtet. Daraus ergibt sich ein Temperaturunterschied zwischen Realsystem und Labor von etwa 60 °C. Da der Gegendruck während einer Einspritzung am Ottomotor vergleichsweise niedrig ist, kann der Gegendruck in der Mexuskammer auf dem gleichen Niveau eingestellt werden. Außerdem steigt der Gegendruck während der Einspritzung am Einzylinder, wie auch in der Mexuskammer an. Als Ersatzkraftstoff wird im Einspritzlabor Exxsol D40 anstelle von Super E10 eingesetzt. Der Aggregatzustand des Gegenmediums unterscheidet sich in gleicher Weise wie beim Dieselsystem.

Die Auswirkungen der vorgestellten Unterschiede auf die Übertragbarkeit der Ergebnisse eines direktgesteuerten Piezo-Injektor (Injektor C) und eines direktgesteuerten Magnet-Injektors (Injektor D) für Ottosysteme sind in Tabelle 6.5 und Tabelle 6.6 zusammengefasst.

Da sich die Raildrücke und Gegendrücke in beiden Systemen vergleichbar einstellen lassen, sind aufgrund dieser Parameter keine Einflüsse auf die Einspritzrate für beide Injektortypen zu erwarten. Konkrete Temperaturuntersuchungen wurden mit diesen Injektoren im Labor nicht durchgeführt. Daher kann keine Aussage über die Auswirkung der höheren Temperatur am Einzylinder auf die Spritzdauer getroffen werden. Durch die höhere Temperatur verringert sich die Viskosität des Mediums, wodurch der Volumenstrom ansteigt. Aufgrund der gleichzeitigen Dichteabnahme ist das Ergebnis für den Durchflussmassenstrom abhängig von dem Verhältnis zwischen Volumen- und Dichteänderung. Dadurch, dass Exxsol D40 und Super E10 sich in Viskosität und Dichte unterscheiden und sich mit der Temperatur unterschiedlich stark verändern, sind durch die Verwendung unterschiedlicher Prüfmedien starke Abweichungen zwischen den Einspritzverläufen am Realsystem und im Labor zu erwarten.

In der Prüfmedienvariation hat sich gezeigt, dass die geringe Viskosität von Super E10 dazu führt, dass der Durchfluss durch die A-Düse des direktgesteuerten Piezo-Injektors (Injektor C) ansteigt. Auf die Spritzdauer hatte das

Prüfmedium keinen Einfluss. Für den Magnet-Injektor mit Mehrlochdüse (Injektor D) ergeben sich nur im ballistischen Bereich Unterschiede in der Spritzdauer und im Düsendurchfluss bei Einsatz eines Ersatzkraftstoffes. Für die Einflüsse des Gegenmediums ergibt sich aus den Messungen von TREM-MEL und den Dieseluntersuchungen die Annahme, dass die Einspritzmasse aufgrund einer Durchflussreduktion bei Einspritzung in Gas geringer ausfällt.

Tabelle 6.5: Auswirkungen der Unterschiede zwischen Einzylinder- und Laboruntersuchung des direktgesteuerten Piezo-Injektors für Ottosysteme (Injektor C)

Injektor C	Unterschied Realsystem zu Labor	Spritzdauer	Durchfluss (mg/s)
Raildruck	Wenig Druckwellen in Otto-systemen, niedriges Druckniveau	[➡]	[➡]
Temperatur	ca. 60 °C höher	-	Volumen-strom: ⬆ Dichte: ⬇
Gegendruck	Gegendruckniveau des Realsystems im Labor darstellbar	[➡]	[➡]
Prüfmedium	Exxsol D40 anstelle von Super E10	➡	⬆
Gegenmedium	Einspritzung in Gas statt Flüssigkeit	Keine eigenen Messdaten, (TREMMEL: m= ⬇)	

Mit den beiden betrachteten Ottoinjektoren ist zu erwarten, dass sich im Vergleich zwischen Realsystem und Einspritzlabor, gleiche Spritzdauern der Einspritzraten ergeben. Der Durchfluss im stationären Bereich des Einspritzverlaufs wird jedoch sehr wahrscheinlich abweichen. Um die Größe der Abweichung zu bestimmen, sind Vergleichsmessungen in gleicher Weise, wie sie für den servogesteuerten Piezo-Injektor (Injektor A1) für Dieselmotoren gemacht wurden, durchzuführen.

Tabelle 6.6:   Auswirkungen der Unterschiede zwischen Einzylinder- und Laboruntersuchung des direktgesteuerten Magnet-Injektors für Ottosysteme (Injektor D)

Injektor D	Unterschied Realsystem zu Labor	Spritzdauer	Durchfluss (mg/s)
Raildruck	Wenig Druckwellen in Ottosystemen, niedriges Druckniveau	[➡]	[➡]
Temperatur	ca. 60 °C höher	-	Volumenstrom: ⬆ Dichte: ⬇
Gegendruck	Gegendruckniveau des Realsystems im Labor darstellbar	[➡]	[➡]
Prüfmedium	Exxsol D40 anstelle von Super E10	ballistischer Bereich: ⬆	ballistischer Bereich: ⬆
Gegenmedium	Einspritzung in Gas statt Flüssigkeit	Keine eigenen Messdaten, (TREMMEL: m= ⬇)	

Die Übertragbarkeit der Messungen zwischen außermotorischen und motorischen Untersuchungen lässt sich verbessern, in dem die Unterschiede in den Randbedingungen möglichst gering gehalten werden. In Dieselsystemen ist dies für Raildruck und Temperatur bereits sehr gut abbildbar. Hier existiert außerdem mit Prüföl nach DIN ISO 4113 ein geeigneter Ersatzkraftstoff für Diesel. Um die Gegendruckbedingen im Labor in allen Betriebspunkten vergleichbar zum Realsystem einstellen zu können, muss das Messgerät weiterentwickelt werden und den Betrieb mit höheren Gegendrücken zulassen. Nicht zu verändern ist der Zustand, dass sich in der Mexuskammer mit dem Prüfmedium eine Flüssigkeit befindet. Hieraus ergibt sich eine Abweichung zwischen der Einspritzrate und –masse zwischen dem Laborergebnis und der Einspritzung an einem Realsystem. Möchte man diese Abweichung für die Einspritzmasse rechnerisch korrigieren ist eine Vergleichsmessung zwischen Einspritzung in Flüssigkeit und in Gas für jeden Injektortyp durchzuführen, da die Abweichungen injektorspezifisch sind. Korrekturen für den

Einspritzratenverlauf sind erst verlässlich möglich, wenn die Abweichungen im Strömungsverhalten durch den Aggregatzustand des Mediums analysiert wurden.

Für das Ottosystem lassen sich Raildruck und Gegendruck im Labor vergleichbar zum Realsystem einstellen. Eine Einschränkung ergibt sich bei sehr niedrigen Gegendrücken. Hier kann nur eine Messung durchgeführt werden, wenn keine Kavitation bis in die Messkammer vordringt. Die Temperaturen müssen für die Messung im Labor erhöht werden, um die Übertragbarkeit der Ergebnisse zu verbessern. Dazu ist jedoch aus sicherheitstechnischen Gründen ein anderes Prüfmedium erforderlich. Außerdem zeigt sich, dass das aktuell eingesetzte Prüfmedium Exxsol D40 nicht die gleichen Ergebnisse liefert wie Super E10. Daher ist ein geeigneterer Ersatzkraftstoff zu suchen, der im besten Fall auch bei höheren Temperaturen sicher eingesetzt werden kann. Danach bleibt noch der Unterschied der Einspritzung in Flüssigkeit und in Gas, der nicht zu beheben ist. Analog zum Dieselsystem sind daher für eine nachträgliche Korrektur Vergleichsmessungen mit jedem Injektortyp durchzuführen.

7 Zusammenfassung

In der Verbrennungsoptimierung und der dafür erforderlichen Weiterentwicklung von Injektoren ist es notwendig, die Einspritzraten und -massen eines Injektors zu kennen. Die vorliegende Arbeit beschäftigt sich damit, wie an einem außermotorischen System die Qualität der Messung von Einspritzraten und –massen verbessert werden kann und zeigt auf, in wie weit diese Messergebnisse auf motorische Untersuchungen übertragbar sind. Als Messgerät wurde in allen Untersuchungen das Mexus 2.0 verwendet.

Zur Unterstützung der in der Arbeit durchgeführten Auswertungen wurde ein Verfahren entwickelt, mit dem aus den Aufzeichnungen des Drucks in der Einspritzleitung die Spritzdauer der Einspritzrate bestimmt werden kann. Dieses neue Verfahren bietet die Möglichkeit die Ergebnisse des Messsystems zu validieren und die Übertragbarkeit der Laborergebnisse auf motorische Systeme zu bewerten. Vorteil dieser Methode ist, dass diese im Gegensatz zu dem von Bauer [Bau07] oder von Denso (i-ART) [Den10] entwickelten Verfahren für verschieden Injektorkonzepte ohne zusätzliche Messtechnik im Injektor anwendbar ist.

Als entscheidende Einflussgrößen in der hydraulischen Vermessung von Injektoren haben sich der Raildruck, die Temperaturen im System und der Gegendruck in der Messkammer herausgestellt. In den durchgeführten Untersuchungen wurden diese Einflussgrößen sowohl im Dieselsystem als auch im Ottosystem analysiert und dabei insbesondere die Genauigkeit und Reproduzierbarkeit der Messungen bewertet. Daraus ergaben sich folgende Maßnahmen mit denen die Qualität der Ergebnisse von hydraulischen Einspritzmessungen gesteigert wurde.

Durch die Einspritzung des Kraftstoffs in das Messgerät erhöht sich während der Betriebsdauer die Temperatur in der Messkammer und am Injektor. Die unterschiedlichen Temperaturrandbedingungen führen zu einer Änderung der Einspritzmasse, die injektorspezifisch aus einer Veränderung der Spritzdauer und der Durchflussrate resultiert. Um die Reproduzierbarkeit der Messungen zu verbessern, wurde eine Injektorkonditionierung konstruiert und im Messsystem implementiert, so dass zukünftig konstante Temperaturrandbedingungen am System eingestellt werden können.

© Springer Fachmedien Wiesbaden GmbH, ein Teil von Springer Nature 2018
K. Rensing, *Experimentelle Analyse der Qualität außermotorischer Einspritzverlaufsmessungen und deren Übertragbarkeit auf motorische Untersuchungen*, Wissenschaftliche Reihe Fahrzeugtechnik Universität Stuttgart, https://doi.org/10.1007/978-3-658-21112-7_7

Das Messprinzip des Mexus 2.0 basiert auf der Auswertung des Gegendruckverlaufs in der Messkammer. Die Untersuchungen zum Gegendruck
haben ergeben, dass das Mexus 2.0 nicht unter allen einstellbaren Gegendruckbedingungen korrekte Messergebnisse liefert. Zum einen kann die Einspritzmasse nur korrekt bestimmt werden, wenn der Gegendruck der Messung mit dem Gegendruck während der Kalibrierung des Mexus 2.0 übereinstimmt. Des Weiteren kommt es bei der Kombination von hohen Raildrücken
und niedrigen Gegendrücken zu Kavitation in der Mexuskammer, die den
Gegendruckverlauf beeinflusst. Die Korrelation zwischen Gegendruckverlauf
und Einspritzmassenstrom, als Grundlage des Berechnungsalgorithmus des
Mexus 2.0, verliert dadurch ihre Gültigkeit. Um korrekte Messergebnisse zu
erhalten, ist der Gegendruck in der Mexuskammer immer so hoch zu wählen,
dass keine Gasblasen in der Kammer vorhanden sind.

Die in außermotorischen Untersuchungen bestimmten Einspritzraten
und -massen sind Basis für motorische Entwicklungen zum Beispiel am Einzylinder und Vollmotor. Aus der Literatur bekannte Untersuchungen fokus-
sierten sich bisher entweder auf außermotorische oder motorische Analysen.
Daher wurde im Rahmen dieser Arbeit konkret die Übertragbarkeit der außermotorischen Ergebnisse auf motorische Systeme bewertet, um den Nutzen
und die Qualität der Ergebnisse weiter zu steigern. Anhand einer Vergleichsmessung zwischen einem Einzylinder und dem Einspritzlabor für
Dieselmotoren wurde festgestellt, dass die Einspritzmassen im dem untersuchten außermotorischen System in den überwiegenden Betriebspunkten
niedriger sind als am Einzylinder. Durch die Druckverlaufsanalyse konnte
gezeigt werden, dass sich sowohl die Spritzdauern als auch die Einspritzmas-
senströme unterscheiden.

Die Raildrücke im motorischen und außermotorischen System stimmen gut
überein, wenn beide Systeme die gleichen Bauteile verwenden und Druckerzeugung sowie Einspritzzeitpunkt synchronisiert sind. Dagegen unterscheiden sich die Temperatur- und Gegendruckbedingungen, wodurch sich Abweichungen in den Einspritzverläufen ergeben. In dem untersuchten außermotorischen System sind außerdem das Prüfmedium und Gegenmedium
ungleich zu einem motorischen System.

Im Motor spritzt der Injektor in ein gasförmiges Medium ein, während der
Einspritzstrahl bei Vermessung im Mexus 2.0 auf eine flüssige Umgebung
trifft. Mit einem speziellen Messaufbau konnte gezeigt werden, dass bei

Einspritzung in Flüssigkeit in nahezu allen untersuchten Betriebspunkten mehr Masse eingespritzt wird als bei Einspritzung in die gasförmige Umgebung. Die Analyse des Druckverlaufs zeigte, dass die Spritzdauern nur minimal abweichen und die Ursache folglich ein unterschiedlicher Düsendurchfluss ist.

In Laboruntersuchungen werden aus sicherheitstechnischen Gründen und wegen der Reproduzierbarkeit der Ergebnisse Ersatzkraftstoffe eingesetzt. Als Ersatzkraftstoff für Diesel wird Prüföl nach DIN ISO 4113 verwendet. Es konnte nachgewiesen werden, dass mit Prüföl die gleichen Einspritzraten und –massen wie mit Dieselkraftstoff bestimmt werden. Daher ist Prüföl ein geeignetes Ersatzmedium für die hydraulische Einspritzanalyse von Dieselsystemen. In den Einspritzlaboren für Ottosysteme wird Exxsol D40 als Ersatzkraftstoff eingesetzt. Mit diesem Medium wurden abweichende Ergebnisse im Vergleich zu einer Messung mit Super E10 ermittelt. Die beiden Medien unterscheiden sich in Viskosität, Dichte und Dampfdruck, wodurch das Strömungsverhalten durch die Düse beeinflusst wird. Die Auswirkungen der unterschiedlichen Stoffeigenschaften auf die Einspritzrate und –masse sind dabei von der Düsengeometrie abhängig. Exxsol D40 ist damit nicht uneingeschränkt als Ersatzmedium für Super E10 geeignet.

Insgesamt zeigt sich, dass zwischen einem motorischen System und den Messungen im Labor aufgrund von Differenzen der Randbedingungen, insbesondere von Temperatur, Gegendruck, Prüfmedium und Gegenmedium, Unterschiede in der Spritzdauer und den Massenströme der Einspritzraten auftreten. Die genauen Auswirkungen der vorgestellten Einflussgrößen auf die Ergebnisse sind in der Regel injektorspezifisch.

Um zukünftig die Übertragbarkeit der Ergebnisse außermotorischer Untersuchungen auf motorische Systeme zu verbessern, sind die Randbedingungen der Laborumgebung möglichst nah an die Bedingungen im Motor anzupassen. Die größte Herausforderung für Dieselsysteme besteht dabei in der Weiterentwicklung des Messgerätes für einen Betriebsbereich mit höheren Gegendrücken. Für Ottosysteme ist ein neuer Ersatzkraftstoff zu suchen, der in seinen Stoffeigenschaften möglichst ähnlich zu den realen Ottokraftstoffen ist und dabei die Sicherheitsanforderungen erfüllt.

Das Messprinzip des Mexus 2.0 erfordert als Medium in der Messkammer eine Flüssigkeit, so dass sich die daraus folgenden Differenzen im Messergebnis im Vergleich zu einem motorischen System nicht vermeiden lassen.

Hierzu ist erst ein neues Messgerät zu entwickeln, dass entweder ein neues Messprinzip verfolgt oder dass „Upstream", das heißt vor dem Injektor, bei sehr hohen Drücken einsetzbar ist.

Um die mit dem Mexus 2.0 gewonnen Ergebnisse besser im Hinblick auf deren Übertragbarkeit auf motorische Ergebnisse beurteilen zu können, ist es sinnvoll das Strömungsverhalten bei Einspritzung in Flüssigkeit tiefergehend zu untersuchen. Eine Möglichkeit dazu ist die Durchführung einer Simulation, die durch die Messungen an einem optisch zugänglichen Mexus unterstützt werden kann.

Literaturverzeichnis

[Avi14]   DEUTSCHE AVIA MINERALÖL GMBH: *Ottokraftstoffe*. Sicher-
           heitsdatenblatt gemäß 1907/2006/EG, Stand 26.06.2014.

[Avl08]   AVL DEUTSCHLAND GMBH: *Einspritzmesstechnik AVL Shot to
           Shot PLU 131*. Technische Beschreibung, 2008.

[Avl14]   AVL DEUTSCHLAND GMBH: *Prinzipskizze des AVL Shot to Shot
           PLU 131*. Unter: https://www.avl.com/fuelexact [Stand:
           08.05.2014].

[Bad99]   BADOCK, C.: *Untersuchungen zum Einfluß der Kavitation auf
           den primären Strahlzerfall bei der dieselmotorischen Einsprit-
           zung*, Diss., Universität Darmstadt, 1999.

[Bas12]   VAN BASSHUYSEN, RICHARD: SCHÄFER,FRED (HRSG.): *Hand-
           buch Verbrennungsmotor, Grundlagen, Komponenten, Systeme,
           Perspektiven*. 6. Auflage, Springer Verlag, Wiesbaden, 2012.

[Bas13]   VAN BASSHUYSEN, RICHARD (HRSG.): *Ottomotor mit Direktein-
           spritzung, Verfahren, Systeme, Entwicklung, Potenzial*.
           3.Auflage, Springer Verlag, Wiesbaden, 2013.

[Bau07]   BAUER, W.: *Empirisches Modell zur Bestimmung des dynami-
           schen Strahlkegelwinkels bei Diesel-Einspritzdüsen*, Technische
           Universität München, Diss., 2007.

[Ber59]   BERGWERK, W.: *Flow Pattern in Diesel Nozzle Spray Holes*. In:
           IMechE Band 173, 1959, S. 655- 660.

[Bod90]   BODE, B.: *Verfahren zur Extrapolation wichtiger Stoffeigen-
           schaften von Flüssigkeiten unter hohem Druck*. In: Tribologie
           und Schmierung 37, Nr.4, S.197-202.

[Boh14]   BOHL, W.; ELMENDORF, W.; *Technische Strömungslehre: Stoff-
           eigenschaften von Flüssigkeiten und Gasen, Hydrostatik, Aerosta-
           tik, inkompressible Strömungen, kompressible Strömungen,
           Strömungsmesstechnik*. 15. Auflage, Vogel Verlag, Würzburg,
           2014.

© Springer Fachmedien Wiesbaden GmbH, ein Teil von Springer Nature 2018
K. Rensing, *Experimentelle Analyse der Qualität außermotorischer Einspritzverlaufsmessungen
und deren Übertragbarkeit auf motorische Untersuchungen*, Wissenschaftliche
Reihe Fahrzeugtechnik Universität Stuttgart, https://doi.org/10.1007/978-3-658-21112-7

[Bos08]   ROBERT BOSCH GMBH: *Verfahren und Vorrichtung zur Messung der Einsritzmenge und der Einspritzrate eines Einspritzventils für Flüssigkeiten.* Europäische Patentschrift EP 1954938 B1, 13.08.2008.

[Bos14]   *Simulationsergebnisse der Robert Bosch GmbH,* Simulationen wurden im Auftrag und unter den vorgegebenen Randbedingungen der Daimler AG durchgeführt, 2014.

[Bos15]   ROBERT BOSCH GMBH: *Kraftstoffspeicher mit Injektoren für Ottosysteme.* Unter: http://produkte.bosch-mobility-solutions.de/de/de/technik/component/PT_PC_BDI_Fuel-Injection_PT_PC_Direct-Gasoline-Injection_ 1473.html [Stand 08.09.2015].

[Bos64/1]   BOSCH, W.: *Der Einspritzgesetz-Indikator, ein neues Meßgerät zur direkten Bestimmung des Einspritzgesetzes von Einzeleinspritzungen.* In: MTZ Motorentechnische Zeitschrift 07/1964, Jahrgang 25, S.268-282.

[Bos64/2]   BOSCH, W.: *Verfahren zur Ermittlung des zeitlichen Mengenverlaufes von diskontinuierlich aus einer Düse ausspritzenden, wenigstens annähernd inkompressiblen Medien, insbesondere zur Bestimmung des Einspritzgesetztes von Kraftstoffeinspritzanlagen für Brennkraftmaschinen.* Patentschrift 1161082, 30.07.1964.

[Bus01]   Busch, R.: *Untersuchung von Kavitationsphänomenen in Dieseleinspritzdüsen,* Diss., Universität Hannover, 2001.

[Cha95]   CHAVES, H.; KNAPP, M.; KUBITZEK, A. ; OBERMEIER, F. ; SCHNEIDER, T.: *Experimental Study of Cavitation in the Hole of Diesel Injectors Using Transparent Nozzles*; SAE-Paper 950290, 1995.

[Dai08]   DAIMLER AG: *Shell Prüföl.* Sicherheitsdatenblatt Daimler AG 2008 .

[Den10]   TOKUDA, H; DENSO CORPORATION: *Die Technologien zur Kraftstoffeinsparung von DENSO als Beitrag zur Mobilität der Gesellschaft in der Zukunft,* 19. Aachener Kolloquium Fahrzeug- und Motorentechnik, 2010, S. 37-52.

[Den15] DENSO CORPORATION: *Einspritzsystem für Dieselmotoren.* Unter: http://www.densodynamics.com/wp-content/uploads/2013/06/S_090601_SM_00065.jpg [Stand 08.09.2015].

[Dgm76] KUSS, E.: *pvt-Daten bei hohen Drücken*, DGMK-Forschungsbericht 4510, 1976.

[Dgm93] WENCK, H.,; SCHNIEDER, C.: *Chemische-physikalische Daten von Otto- und Dieselkraftstoffen*, DGMK-Forschungsbericht 409, 1993.

[Din14/1] DIN EN 228:2014-10: *Kraftstoffe für Kraftfahrzeuge - Unverbleite Ottokraftstoffe - Anforderungen und Prüfverfahren.*

[Din14/2] DIN EN 590:2014-04: *Kraftstoffe für Kraftfahrzeuge – Dieselkraftstoff - Anforderungen und Prüfverfahren.*

[Dru12] DRUMM, S. M.: *Entwicklung von Messmethoden hydraulischer Kraftstoffeigenschaften unter Hochdruck*, RWTH Aachen, Diss., 2012.

[Exx08] EXXONMOBIL: *Exxsol D40.* Sicherheitsdatenblatt gemäß 1907/2006/EG, Stand 26.05.2008.

[Exx14] EXXONMOBIL: Mitteilung.

[Ges15/1] GESTIS: *Dieselkraftstoff.* Stoffdatenbank Auszug, Unter: http://gestis.itrust.de/nxt/gateway.dll/gestis_de/000000.xml?f=te mplates$fn=default.htm$vid=gestisdeu:sdbdeu$3.0 [Stand: 04.11.2015].

[Ges15/2] GESTIS: *Ottokraftstoff.* Stoffdatenbank Auszug, Unter: http://gestis.itrust.de/nxt/gateway.dll/gestis_de/000000.xml?f=te mplates$fn=default.htm$vid=gestisdeu:sdbdeu$3.0 [Stand: 04.11.2015].

[Hei13] HEINSTEIN, A. ; LANDENFELD, T. ; RIEMER, M. ; SEBASTIAN, T.: *Direkteinspritzsysteme für Ottomotoren.* In: MTZ Motorentechnische Zeitschrift 03/2013, Jahrgang 74, S. 226-231.

[Hen06] HENZINGER, R. ; KAMMERSTETTER, H. ; RADKE, F. ; WERNER, M.: *Neue Messtechnik für Direkteinspritzsysteme von*

Diesel- und Ottomotoren. In: MTZ Motorentechnische Zeitschrift 07-08/2006, Jahrgang 67, S.1-4.

[Iav07]   IAV GmbH: *Verfahren und Vorrichtung zur Einspritzraten- und/oder Einspritzmassenbestimmung.* Offenlegungsschrift, DE102005040768 A1, 01.03.2007.

[Ina11]   IAV GMBH: *Schallgeschwindigkeitskennfeld für Prüföl DIN ISO 4113 des Injection Analyzers.*

[Jun05]   JUNGEMANN, M.: *1D-Modellierung und Simulation des Durch- flussverhaltens von Hydraulikkomponenten bei sehr hohen Drü- cken unter Beachtung der thermodynamischen Zustandsgrößen von Mineralöl.* In: Fortschritt-Berichte VDI, Reihe 7, Nr.473, 2005.

[Ker09]   KERÉKGYÁRTÓ J.: *Ermittlung des Einspritzverlaufs an Diesel- Injektoren,* Universität Magdeburg Diss.,2009.

[Kna70]   KNAPP, R.T.; DAILY, J.W. ; HAMMIT F.G.: *Cavitation,* New York McGraw-Hill Inc., 1970.

[Kur08]   KURZWEIL, P.; FRENZEL, B. ; GEBHARD, F.: *Physik Formelsamm- lung, Für Ingenieure und Naturwissenschaftler.* 1.Auflage, Springer Verlag, Wiesbaden, 2008.

[Lam14]   LAMPERT, J.: *Analyse des Einflusses von Raildruck und Gegen- druck auf die hydraulische Einspritzmengen- und Einspritzra- tenmessung,* Masterarbeit, RWTH Aachen, 2014.

[Leo08]   LEONHARD, R.; WARGA, J.: *Common-Rail-System von Bosch mit 2000 bar Einspritzdruck für PKW.* In: MTZ Motorentechnische Zeitschrift 10/2008, Jahrgang 69, S.834- 840

[Loc12/1] LOCCIONI GROUP: *User Manual Mexus 2.0,* Bedienungsanlei- tung, 2012.

[Loc12/2] LOCCIONI GROUP: Technische Information zum Messgerät.

[Mer14]   MERKER, G.; TEICHMANN, R.: *Grundlagen Verbrennungsmoto- ren, Funktionsweise, Simulation, Messtechnik.* 7. Auflage, Sprin- ger Verlag, Wiesbaden, 2014.

[Moe14/1] MOEHWALD GMBH: *EMI 21 Einspritzmengenindikator.* Technische Beschreibung, 2014.

[Moe14/2] MOEHWALD GMBH: *HDA.* Technische Beschreibung, 2014.

[Mur11] MURRENHOFF, H.: *Grundlagen der Fluidtechnik, Teil.1: Hydraulik.* Umdruck zur Vorlesung, 6. Auflage, Shaker Verlag, Aachen, 2011.

[Pis57] PISCHINGER A.: *Gemischbildung und Verbrennung im Dieselmotor.* In: Die Verbrennungskraftmaschine, Band 7, Springer Verlag, Wien, 1957.

[Ptb10] WOLF, H. ; RINKER, M.: *Temperatur-Mengenauswertung von Biokraftstoff-Mineralkraftstoff-Gemischen und Biokraftstoff-Heizöl-Gemischen.* Datenblatt der Physikalisch Technischen Bundesanstalt, 2010.

[Rei12] REIF, KONRAD (HRSG.): *Dieselmotoren-Management, Systeme, Komponenten, Steuerung und Regelung.* 5. Auflage, Springer Verlag, Wiesbaden, 2012.

[Sch09] SCHÖPPE, D. ; ZÜLCH, S. ; GEURTS, D. ; GRIS, C. ; JORACH, R.W.: *Das neue Direct Acting Common Rail System von Delphi.* In: Fortschritt-Berichte VDI, Reihe 12, Nr. 697, Bd.1 und Bd.2 (30. Internationales Wiener Motorensymposium), 2009.

[Sch67] SCHMITT, T.: *Untersuchung zur stationären und instationären Strömung durch Drosselquerschnitte in Kraftstoffeinspritzsystemen von Dieselmotoren,* Technische Universität München, Diss., 1967.

[Sch99] SCHMIDT, J.: *Einfluss der Thermodynamik auf das Betriebsspiel von Diesel- Einspritzpumpenelementen,* Universität Stuttgart, Diss.,1999.

[She06] SHELL DEUTSCHLAND OIL GMBH: *Shell V-Oil 1404 Einspritzpumpen-prüföl nach DIN ISO 4113.* Datenblatt, Stand 04.10.2006.

[Sta15] STATISTA: *Anzahl registrierter Kraftfahrzeuge weltweit in den Jahren 2005 bis 2013.* Unter: http://de.statista.com/statistik/ da-

ten/studie/244999/umfrage/weltweiter-pkw-und-nutzfahrzeug-
bestand/ [Stand: 05.11.2015].

[Tre07]   TREMMEL, O.: *Potenziale variabler Einspritzsysteme für die
           Benzin-Direkteinspritzung*, Universität Hannover, Diss., 2007.

[Tub14]   TU BRAUNSCHWEIG: *Aufbau des Injection Analyzers.* Unter:
           https://www.tu-braunschweig.de/Medien-DB/ivb/ schnittdarstell
           ung_injection_analyzer.jpg [Stand: 08.05.2014].

[Wal02]   WALTHER, J.: *Quantitative Untersuchungen der Innenströmung
           in kavitierenden Dieseleinspritzdüsen,* Technische Universität
           Darmstadt, Diss., 2002.

[Zeu61]   ZEUCH, W.: *Neue Verfahren zur Messung des Einspritzgesetzes
           und der Einspritz-Regelmäßigkeit von Diesel-Einspritzpumpen.*
           In: MTZ Motorentechnische Zeitschrift 09/1961, Jahrgang 22,
           S.344-349.

Anhang

A1. Parameter der Approximationsgleichungen nach Drumm[Dru12]

Tabelle A.1: Parameter für die Approximationsgleichung der Dichte (Gleichung 3.8)

	a_1	a_2	a_3	a_4	a_5	a_6
	$\left[\frac{kg}{m^3}\right]$	$\left[\frac{kg}{m^3\cdot K}\right]$	$\left[\frac{kg}{m^3\cdot bar}\right]$	$\left[\frac{kg}{m^3\cdot\sqrt{bar}}\right]$	$[bar]$	$\left[\frac{kg}{m^3\cdot bar\cdot K}\right]$
2MTHF	703,9	-0,823	-0,02625	5,778	762,4	$1{,}559\cdot10^{-4}$
Butyl-Levulinate	856,2	-0,7779	-0,02112	4,84	724,4	$1{,}346\cdot10^{-4}$
Decanol	602	-0,5769	-0,05114	7,049	1112	$2{,}075\cdot10^{-4}$
Di-butylether	602	-0,8814	-0,04799	6,832	674,8	$1{,}672\cdot10^{-4}$
Diesel	759	-0,6163	-0,01668	3,881	475,8	$1{,}232\cdot10^{-4}$
Dodecan	511,7	-0,4213	-0,05599	7,638	935	$1{,}760\cdot10^{-4}$
Ethanol	687,6	-0,9249	-0,0271	5,087	542	$1{,}348\cdot10^{-4}$
Ethyl-Levulinate	922,4	-0,764	-0,01008	3,866	695	$1{,}509\cdot10^{-4}$
n-Butanol	697,4	-0,7622	-0,02545	5,147	629,9	$1{,}122\cdot10^{-4}$
n-Heptan	577,7	-0,7477	-0,02758	5,291	489,9	$1{,}37\cdot10^{-4}$

$$\rho(p,T) = a_1 + a_2 T + a_3 p + a_4\sqrt{p+a_5} + a_6 Tp \qquad \text{Gl. 3.8}$$

© Springer Fachmedien Wiesbaden GmbH, ein Teil von Springer Nature 2018
K. Rensing, *Experimentelle Analyse der Qualität außermotorischer Einspritzverlaufsmessungen und deren Übertragbarkeit auf motorische Untersuchungen*, Wissenschaftliche Reihe Fahrzeugtechnik Universität Stuttgart, https://doi.org/10.1007/978-3-658-21112-7

Tabelle A.2: Parameter für die Approximationsgleichung der Viskosität (Gleichung 3.17)

	a_1	a_2	a_3	a_4	a_5
	$[\ln{(mPa\,s)}]$	$\left[\dfrac{\ln{(mPa\,s)}}{bar}\right]$	$[\ln{(mPa\,s)}\cdot K]$	$[K]$	$\left[\dfrac{\ln{(mPa\,s)}\cdot K}{bar}\right]$
2MTHF	-8,4912	$3{,}227\cdot10^{-4}$	12169	1578,2	$3{,}034\cdot10^{-3}$
Butyl-Levulinate	-14,24	$5{,}751\cdot10^{-4}$	12196	779,37	$4{,}903\cdot10^{-3}$
Decanol	-15,316	$3{,}028\cdot10^{-4}$	12200	666,1	$3{,}246\cdot10^{-2}$
Dibutylether	-11,894	$5{,}035\cdot10^{-4}$	12185	1040,8	$4{,}358\cdot10^{-3}$
Diesel	-13,198	$6{,}269\cdot10^{-4}$	12194	830,23	$1{,}749\cdot10^{-2}$
Dodecan	-11,48	$4{,}219\cdot10^{-4}$	12184	1018,8	$1{,}554\cdot10^{-2}$
Ethanol	-14,957	$3{,}682\cdot10^{-4}$	12194	785,9	$1{,}089\cdot10^{-3}$
Ethyl-Levulinate	-14,055	$4{,}354\cdot10^{-4}$	12194	803,08	$7{,}248\cdot10^{-3}$
n-Butanol	-14,07	$4{,}681\cdot10^{-4}$	9510	610,5	$7{,}804\cdot10^{-3}$
n-Heptan	-12,065	$5{,}483\cdot10^{-4}$	12149	1067,2	$1{,}861\cdot10^{-3}$

$$\eta(p,T) = e^{a_1+a_2 p+\frac{a_3}{T+a_4}+a_5*\frac{p}{T}}$$
Gl. 3.17

Tabelle A.3: Parameter für die Approximation der Schallgeschwindigkeit (Gleichung 3.20)

	a_1	a_2	a_3	a_4	a_5	a_6
	$\left[\frac{m}{s}\right]$	$\left[\frac{m}{s \cdot K}\right]$	$\left[\frac{m}{s \cdot bar}\right]$	$\left[\frac{m}{s \cdot \sqrt{bar}}\right]$	[bar]	$\left[\frac{m}{s \cdot bar \cdot K}\right]$
2MTHF	420,7	-3,712	-0,1214	33,12	672,7	$5{,}827 \cdot 10^{-4}$
Butyl-Levulinate	450,2	-3,19	-0,1275	32,99	840,8	$4{,}346 \cdot 10^{-4}$
Decanol	547	-3,445	-0,1843	35,27	681,2	$8{,}637 \cdot 10^{-4}$
Dibutyl-ether	487	-3,273	-0,1198	32,69	500	$5{,}221 \cdot 10^{-4}$
Diesel	584,9	-3,333	-0,1128	32,88	623,8	$4{,}778 \cdot 10^{-4}$
Dodecan	673,6	-3,395	-0,131	31,89	456,3	$7{,}069 \cdot 10^{-4}$
Ethanol	52,11	-3,315	-0,1838	41,04	799,4	$5{,}227 \cdot 10^{-4}$
Ethyl-Levulinate	1001	-3,495	$-5{,}783 \cdot 10^{-4}$	19,02	508	$4{,}576 \cdot 10^{-4}$
n-Butanol	874,6	-2,971	-0,0234	23,65	347,2	$3{,}902 \cdot 10^{-4}$
n-Heptan	399,9	-3,642	-0,1457	37,14	460,9	$5{,}685 \cdot 10^{-4}$

$$a = a_1 + a_2 T + a_3 p + a_4 \sqrt{p + a_5} + a_6 T p \qquad \text{Gl. 3.20}$$

A2.　Erweiterter Laboraufbau

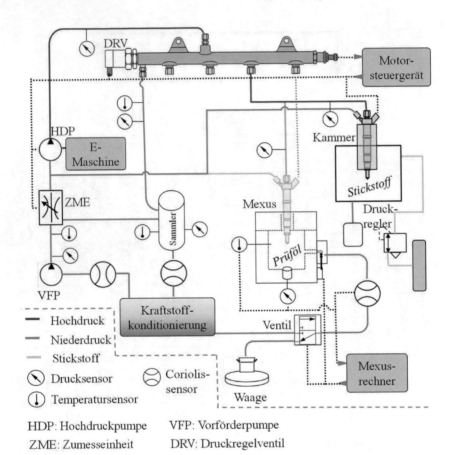

Abbildung A.1: Erweiterter Laboraufbau zur Messung der mittleren Einspritzmasse bei Einspritzung in ein gasförmiges Medium

A3. Messsysteme zur Bestimmung von Einspritzmassen und Einspritzraten

Die Bestimmung der Einspritzmasse kann mit einer Präzisionswaage erfolgen, indem eine größere Anzahl von Einspritzungen (n>100) in einen Behälter geleitetet werden, der anschließend gewogen wird. Eine andere Möglichkeit ist die Bestimmung der Masse über einen nachgeschalteten Coriolis-Massendurchflussmesser. In beiden Fällen erhält man einen Mittelwert der Einspritzmasse. Einzelmassen, Shot-to-Shot Abweichungen und Standardabweichungen können nicht ermittelt werden.

In der heutigen Entwicklung von Einspritzsystemen ist eine genaue Analyse der Einspritzmasse und dem dazugehörigen Ratenverlauf erforderlich, um aktuelle und zukünftige Injektorkonzepte und Einspritzstrategien (zum Beispiel Einspritzverlaufsformung, Mehrfacheinspritzung) zu analysieren. Die Entwicklung von speziellen Messgeräten für die Analyse von Einspritzungen begann in den 1960er Jahren. Auf den damals entwickelten Messprinzipien basieren viele der heutigen Messsysteme. Durch die Weiterentwicklung der Hardware, sowie den Einsatz neuer Sensorik und Auswerteelektroniken, konnte die Qualität der aktuellen Messungen deutlich verbessert werden. Die gegenwärtig eingesetzten Messgeräte ermitteln den Einspritzverlauf indirekt mittels Wegmessung eines Kolbens oder durch Druckmessung. Im Folgenden werden die bekanntesten Messgeräte vorgestellt.

Einspritzverlaufsmessung durch Wegmessung eines Kolbens

AVL Shot-to-Shot PLU 131

Das AVL Shot to Shot PLU 131 bestimmt die Einspritzmasse und – rate aus der kombinierten Messung eines rotatorischen und eines translatorischen Verdrängungszählers. In Abbildung A.2 ist der prinzipielle Aufbau des Messgerätes dargestellt.

Durch den Einspritzvorgang bewegt sich der Messkolben (4), dessen Weg optisch abgetastet wird (5). Aus der Position des Kolbens ergibt sich die Einspritzmasse. Die Einspritzrate ermittelt sich aus der Kolbengeschwindigkeit. Der Volumenzähler (3) sorgt während des Messvorgangs für eine Druckdifferenz von null über dem Zähler ($\Delta p=0$) und berechnet dadurch zusätzlich die mittlere Durchflussmasse. Diese Daten werden anschließend in der Auswerteeinheit verarbeitet.

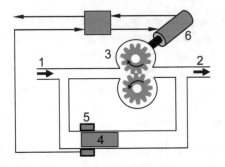

1 Einlass

2 Auslass

3 Verdrängungszähler

4 Messkolben

5 Kolbenabtastung

6 Servomotor

Abbildung A.2: Prinzipskizze des AVL Shot-to-Shot PLU 131 [Avl14]

Das AVL Shot to Shot PLU 131 kann nicht nur Downstream sondern auch Upstream eingesetzt werden, sodass auch Durchflussmessungen am laufenden Motor möglich sind. Für die Upstreamanwendung ist ein maximaler Druck von 250 bar zulässig. Ein Nachteil des Messgerätes ist die mechanische Kolbenbewegung, die zu einer Trägheit und damit zu einer Verschleppung des Ratensignals führt. Für zeitlich hochaufgelöste Einspritzratenmessungen ist das AVL Shot to Shot PLU131 daher ungeeignet. [Hen06] [Avl08]

EMI 21 (Einspritzmengenindikator)

Das EMI 21 basiert auf dem Mengenindikator, der in den 1960er Jahren von Bosch entwickelt wurde. Der in Abbildung A.3 dargestellte Mengenindikator besteht aus einer Messkammer, die durch einen federbelasteten Kolben und ein federbelastetes Überstromventil abgeschlossen ist. Durch die Einspritzung in die Messkammer wird der Kolben bewegt und die Position mittels eines induktiven Weggebers erfasst. Aus der Kolbenposition erhält man die eingespritzte Masse und aus der Kolbengeschwindigkeit den Ratenverlauf. Das während des Einspritzvorgangs geschlossene Ventil wird nach dem Einspritzvorgang geöffnet, um die Kammer zu leeren.

Im EMI 21 werden ein Magnetventil und ein elektronisches Wegmesssystem eingesetzt. Zusätzlich wurde das Messsystem um eine Druck und Temperaturerfassung ergänzt, die als Eingangsgrößen eines Kompensationsalgorithmus dienen, mit dem die korrekte Einspritzmasse errechnet wird. Da ein Überschwingen des Kolbens nicht zu vermeiden ist, eignet sich das Messgerät für Einspritzratenmessungen nicht. [Zeu61] [Moe14/1]

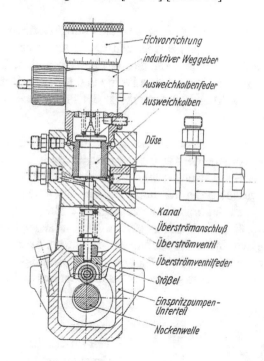

Abbildung A.3: Mengenindikator [Zeu61]

Einspritzverlauf aus Druckmessung

HDA (Hydraulischer-Druckanstiegs-Analysator)

Im Jahr 1961 wurde von Bosch der Druckindikator zur Messung des Einspritzgesetztes vorgestellt, der die Basis für das heutige HDA bildet. Er ist ähnlich wie der Mengenindikator aufgebaut. Die Kammer besitzt ein größeres Volumen und keinen Kolben, dafür jedoch einen Piezoquarzgeber zur Druckmessungen. Die Einspritzmasse wird aus dem Druckverlauf Δp in der Kammer, dem Kammervolumen V, der Dichte ρ und der Kompressibilität des Mediums K bestimmt.

$$\Delta m = V * \frac{\rho}{K} * \Delta p \qquad \text{Gl. A.1}$$

Voraussetzung für die Berechnung ist die Gültigkeit des Hookeschen Gesetzes und damit die Annahme einer konstanten Kompressibilität. Der Vorteil des Druckindikators liegt darin, dass er ohne bewegliche Teile arbeitet. Die Kalibrierung zur Bestimmung von Dichte und Kompressibilität für jede Messung machen die Massenbestimmung in der Praxis jedoch sehr zeitaufwändig. [Zeu61]

Auf Grundlage des Druckindikators wurde von Bosch der Hydraulische Druckanstiegs-Analysator (HDA) entwickelt, der in Abbildung A.4 dargestellt ist. Die Einspritzung erfolgt weiterhin in eine mit dem Prüfmedium gefüllte, abgeschlossene Kammer, in der durch einen Drucksensor die Druckerhöhung erfasst wird. Die eingespritzte Masse wird nach jedem Einspritzvorgang über ein Ventil abgeleitet. Neu ist die Bestimmung der Schallgeschwindigkeit, in der die Einflussgrößen Dichte, Kompressionsmodul und Temperatur enthalten sind. Die Schallgeschwindigkeitsmessung erfolgt durch die Laufzeitmessung eines Ultraschallimpulses in der Messkammer.

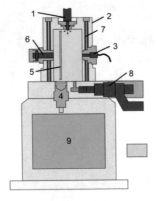

1 Injektor
2 Temperierte Edelstahlkammer
3 Drucksensor
4 Ultraschallsensor
5 Ultraschallweg
6 Druckbegrenzungsventil
7 Kühlkanäle
8 Auslassventil
9 Auswerteelektronik

Abbildung A.4: Aufbau des HDA [Moe14/2]

Die eingespritzte Masse m berechnet sich aus dem Volumen V, der Schallge-schwindigkeit c und dem Druckanstieg Δp zu

$$m = V * \int_{p_v}^{p_n} \frac{1}{[c(p)]^2} \, dp \qquad \text{Gl. A.2}$$

Dabei ist p_v der Druck vor und p_n der Druck nach dem Einspritzvorgang. Die zeitliche Ableitung der eingespritzten Masse ergibt die Einspritzrate.

Das Messprinzip hat den Vorteil mittels einer Druck- und Schall-geschwindigkeitsmessung eine medienunabhängige Bestimmung der Ein-spritzrate durchführen zu können. Es ist keine aufwändige Kalibrierung not-wendig. [Bos08] [Moe14/2]

Injection Analyzer

Der Injection Analyzer von der IAV verbindet das Messprinzip des Ein-spritzgesetz-Indikators, der in den 1960er Jahren von Wilhelm Bosch entwi-ckelt wurde, mit einer Auswerteelektronik und Software, die eine Korrektur-funktion beinhaltet. In Abbildung A.5 ist der Aufbau des Injection Analyzers dargestellt. Der Injektor spritzt in das mit dem Prüfmedium gefüllte Mess-rohr (4) ein. Diese führt zu einer Druckerhöhung $p(t)$, die mit einem piezo-elektrischen Drucksensor (3) aufgezeichnet wird, und proportional zum einge-spritzten Massenstrom $\dot{m}$ ist. Gleichung A.3 zeigt den Zusammenhang, mit der Rohrquerschnittsfläche f_l und der Schallgeschwindigkeit a als weitere Eingangsgrößen.

$$\dot{m} = \frac{f_l}{a} * p(t) \qquad \text{Gl. A.3}$$

Die Schallgeschwindigkeit wird aus einem Kennfeld für das jeweilige Prüf-medium, in Abhängigkeit von Druck und Temperatur, bestimmt.

Durch eine weitere Kammer (9), die über einen Kolben (5) mit der Auslass-kammer (8) des Messrohrs verbunden ist, kann mittels Stickstoff ein Gegen-druck eingestellt werden. Vorteilhaft ist, dass dieser Gegendruck konstant anliegt und unabhängig von den Einspritzvorgängen ist. Auch der Injection Analyzer arbeitet wie alle Messgeräte, die das Prinzip der Druckerhöhung zur Einspritzmessung nutzen, ohne bewegliche Teile. Die Bestimmung der

Schallgeschwindigkeit über ein Kennfeld und die Hinterlegung eines Korrek-turmodells, führen jedoch dazu, dass der Einsatz auf ein Prüfmedium be-schränkt ist, sofern hier keine Anpassungen stattfinden. Außerdem folgt aus Veränderungen der Medieneigenschaften über die Betriebsdauer ein Fehler der Einspritzmessung. [Bos64/1] [Bos64/2][Iav07]

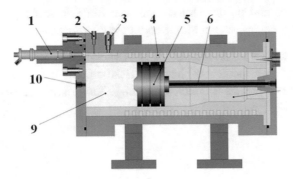

1 Injektor
2 Thermoelement
3 Drucksensor
4 Messkanal
5 Messkolben
6 Rückstromventil
7 Drossel
8 Puffervolumen
9 Gegendruckvolumen
10 Stickstoffanschluss

Abbildung A.5: Aufbau des Injection Analyzers [Tub14]

Printed in the United States
By Bookmasters